江西理工大学清江学术文库

阿曼豆荚状铬铁矿成因研究：来自包裹体的限制

THE GENESIS OF PODIFORM CHROMITITES IN OMAN: CONSTRAINTS FROM THE INCLUSIONS

姚远 ◎ 著

中南大學出版社
www.csupress.com.cn
·长 沙·

图书在版编目(CIP)数据

阿曼豆荚状铬铁矿成因研究：来自包裹体的限制 / 姚远著. —长沙：中南大学出版社，2021.10

ISBN 978-7-5487-4496-2

Ⅰ. ①阿… Ⅱ. ①姚… Ⅲ. ①铬铁矿床—成矿机理—研究—阿曼 Ⅳ. ①P618.301

中国版本图书馆 CIP 数据核字(2021)第 118747 号

阿曼豆荚状铬铁矿成因研究：来自包裹体的限制

AMAN DOUJIAZHUANG GETIEKUANG CHENGYIN YANJIU：LAIZI BAOGUOTI DE XIANZHI

姚远　著

□**责任编辑**　伍华进
□**责任印制**　唐　曦
□**出版发行**　中南大学出版社
社址：长沙市麓山南路　　邮编：410083
发行科电话：0731-88876770　　传真：0731-88710482
□**印　　装**　湖南鑫成印刷有限公司

□**开　　本**　710 mm×1000 mm　1/16　□**印张** 9　□**字数** 180 千字
□**版　　次**　2021 年 10 月第 1 版　□**印次** 2021 年 10 月第 1 次印刷
□**书　　号**　ISBN 978-7-5487-4496-2
□**定　　价**　68.00 元

内容简介

豆荚状铬铁矿可以提供研究地幔作用的各种有价值的信息，包括但不限于熔体–地幔反应、深海岩浆演化和地幔动力学。最近，在 Samail 蛇绿岩的豆荚状铬铁矿中发现了多种包裹体，例如 PGE(platinum group element)矿物，硅酸盐矿物，甚至超高压矿物：莫桑石和出溶的含钙角闪石。熔体包裹体有潜力提供铬铁矿的母岩浆的重要信息，如熔体的化学组成和被捕获时的温度压力条件。在熔体包裹体被捕获后，他们与主矿物可以被看成封闭系统或者独立体系。

冷却后，熔体包裹体变成多相固体包裹体(MSI)。因此，熔体包裹体可以被视为一个时间胶囊，用于存储从包裹体形成之日起有关系统的物理和化学条件的信息。另外，通过研究多个熔体包裹体的成分，在某些情况下可以推断出岩浆系统下降的液相线。目前铬铁矿中多相固体包裹体的大多数研究都集中在子矿物的组成上，然而对包裹体的成因和演化研究甚少。在这项研究中，本书使用高分辨率 X 射线计算机断层扫描(HRXCT)和扫描电子显微镜(SEM)来研究阿曼 Samail 蛇绿岩中铬铁矿中多相固体包裹体的成因及演化，从而限制铬铁矿的成因。

本书的样品收集于三个地点：(1)Samail massif 的壳幔过渡带(MTZ)块状纯橄岩中的条带状铬铁矿；(2)位于 Wadi Tayin massif 的 Wadi Zeeb 的 MTZ 中来自国际大陆科学钻探计划(ICDP)中的阿曼钻探项目(OmanDP)CM2B 岩芯；(3)位于 Fizh massif 西部地幔中的豆荚状铬铁矿。使用高分辨率 X 射线计算机断层扫描(HRXCT)，并与扫描电子显微镜(SEM)结合使用，从 Samail 蛇绿岩中获得了铬铁矿中多相包裹体的 3D 和 2D 图像。豆荚状铬铁矿样品中的包裹体很少。但是，包裹体在条带状铬铁矿样品和 OmanDP 岩芯的铬铁矿脉样品中很常见。多相包裹体的直径范围为 5 μm 至 200 μm，包含韭闪石、绿金云母、高 Cr#（Cr 与［Cr+Al］原子比）（Cr#>0.6）铬铁矿衬里、透辉石、顽火辉石、镍黄铁矿等。在条带状样品和 OmanDP 样品中，观察到较大的熔体包裹体的卡脖子现象，在较小的包裹体中产生了各种不同的子矿物组合。卡脖子现象可能解释了熔体包裹体的成分异质性。

在条带状铬铁矿样品中，观察到具有骸晶结构的铬铁矿。此外，包裹体空间分布的 3D HRXCT 图像表明，快速生长的铬铁矿提供的笼子/漏斗可以捕获熔体。这两个关键的观察结果与铬铁矿的母本熔体的快速冷却是一致的。捕获熔体后，铬铁矿继续在包裹体内壁上生长。有时由于快速冷却导致的铬铁矿过度生长被识别为高 Cr#铬铁矿衬里。

本书通过条带状样品的高温均一化实验来研究熔体包裹体的组成。由于实验温度 1200℃不够高，因此在均一后会保留高 Cr#铬铁矿衬里和可能的残留相。因此，均质的玻璃不能代表捕获在铬铁矿中的母体熔体。于是，本书尝试使用子矿物（包括高 Cr#铬铁矿衬里）的面积来计算熔体包裹体的组成。计算结果表明，被捕获的熔体中的 Cr_2O_3 含量高达 9.6%。此类具有高 Cr_2O_3 含量的母体熔体可能是 Samail 蛇绿岩中豆荚状铬铁矿形成的主要原因。

通过 Nano-SIMS 对磷灰石包裹体进行了原位 U-Pb 定年，磷灰石较为年轻的模式年龄（130.1±55.1 Ma）表明了 MTZ 铬铁矿可能与快速扩散脊（94~95 Ma）上的 Samail 蛇绿岩的形成有关。

铬铁矿的母体熔体中铬铁矿极度过饱和。同时，铬铁矿母体熔体的冷却速度又控制了铬铁矿的生长机制和包裹体的捕获机制。对于 MTZ 铬铁矿的成因，来自包裹体的证据表明母本熔体的快速冷却，过饱和的铬铁矿母体熔体和年轻的年龄限制了铬铁矿的成因。MTZ 铬铁矿或其母体熔体快速冷却的原因需要进一步讨论。相反，地幔中铬铁矿的冷却速度较慢。

目 录

第 1 章 豆荚状铬铁矿简介

1.1　研究背景

铬是工业原料中不可替代的元素，尤其是对于合金材料和耐火材料而言。铬铁矿是铬的唯一来源，是一种主要由铬尖晶石组成的岩石。通常铬铁矿矿床分为两类——豆荚状铬铁矿和层状铬铁矿，其中豆荚状铬铁矿矿床分布较广，但规模较小。据统计，2018 年全球一半以上的铬铁矿产量来自豆荚状铬铁矿矿床(USGS, 2019)。自 2009 年至今，我国的铬铁矿对外依存度一直在 90%以上(刘全文等，2018)。一旦国际形势发生变化，将会对我国的经济产生巨大影响。

最近，随着铬铁矿中原位超高压矿物(UHP minerals)如金刚石、莫桑石等(Yang 等, 2009)的报道，铬铁矿的浅部成因模型可能需要修改。一些科学家认为含超高压矿物的铬铁矿可能形成于深部地幔或者再循环于深部地幔(Arai 等，2016；Yang 等，2015)。

铬铁矿作为一种战略性矿产资源和地壳与地幔的“桥梁”，具有独特的经济价值和科学研究意义，因此研究豆荚状铬铁矿的成因具有十分重要的意义。

1.2 什么是豆荚状铬铁矿

铬铁矿可分为两种类型(表1-1)：基于其特征的豆荚状铬铁矿和层状铬铁矿(Arai等，2016；Ridley，2013；Thayer，1960)。

有纯橄岩外壳的豆荚状铬铁矿，也称为阿尔卑斯型铬铁矿，最早报道于阿尔卑斯橄榄岩中(Thayer，1962，1964)。通常，它们存在于蛇绿岩的地幔剖面或莫霍面过渡带内，通常呈豆荚状构造，并带有纯橄岩外壳，铬铁矿脉和/或条带状铬铁矿(Arai，1997)。基于铬铁矿的Cr#[Cr与(Cr+Al)的原子比]，将豆荚状铬铁矿分为高Al型和高Cr型。高铬豆荚状铬铁矿中的铬铁矿Cr#通常高于0.6，而高铝型铬铁矿的铬铁矿含量在0.4至0.6之间(Zhou等，1994)。

表1-1 豆荚状铬铁矿与层状铬铁矿的简单比较

类型	豆荚状	层状
典型矿床	阿曼Samail	南非布什维尔德
地质背景	蛇绿岩	超基性混杂岩
产状	豆荚状，条带状	层状
成因	熔体岩石反应	结晶分异
超高压矿物	金刚石等	
规模	中小型矿床	大型矿床
相关矿产	铂族元素	铂、镍、钒钛磁铁矿

1.3 铬铁矿中的包裹体

熔体包裹体有可能提供与寄主矿物结晶的主要熔体有关的重要信息，例如当包裹体被捕获时熔体的化学成分以及压力和温度条件(Danyushevsky等，2002；Frezzotti，2001；Roedder，1979)。冷却后，熔体包裹体变成多相固体包裹体(MSI),可以将其视为时间胶囊,以存储有关自包裹体捕获以来系统的物理和化学演化信息。此外,通过检查多个熔体包裹体的成分,在某些情况下有可能推导出岩浆系统下降的液态线(Cannatelli 等,2016)。

铬铁矿中的熔体包裹体非常普遍,如豆荚状铬铁矿(Akmaz 等,2014;Borisova 等,2012;Khedr 等,2016;Rollinson 等,2015,2018;Schiano 等,1997),层状铬铁矿(Li 等,2005;Spandler 等,2005;Vukmanovic 等,2013),深海橄榄岩(Matsukage 等,1998;Tamura 等,2014)中均含有熔体包裹体。在这些包裹体中观察到了韭闪石、顽火辉石和绿云母(含钠的金云母)。许多科学家认为这些铬铁矿中的子矿物质是由被困的熔体与主体铬铁矿之间的反应形成的(Khedr 等,2016;LI 等,2005;Spandler 等,2007;Tamura 等,2014)。最近,在高 Al 低 Cr#铬铁矿中观察到高 Cr#铬铁矿作为包裹体的衬里,起源于早期结晶微晶(Borisova 等,2012)。

但是,具有高铬铬铁矿衬里包裹体的存在不能简单地通过铬铁矿-熔体反应来解释,并且其起源仍然有争议。铬铁矿中熔体包裹体的大多数研究都集中在子矿物或熔体包裹体的组成上,而包裹体的成因和演化仍不清楚。

1.4 豆荚状铬铁矿的岩石学成因模型

Irvine(1977)提出了一种岩浆混合模型,用于描述层状侵入体中层状铬铁矿的成因。Arai 和 Yurimoto(1994)认为,这种岩浆混合模型可用于豆荚状铬铁矿(图 1-1)。在图 1-1 中,源自地幔的熔体 A 溶解了方辉橄榄岩中的斜方辉石,形成了橄榄石和熔体 B,此后,将熔体 B 与熔体 A 混合形成了铬铁矿饱和的熔体 C,这是铬铁矿的母体熔体(Arai 等,2016)。多数豆荚状铬铁矿成因模型都接受了基于熔融-方辉橄榄岩反应的岩浆混合模型(Arai 等,1994,2018;González-Jiménez 等,2014;Zhou 等,1994)。

但是,熔岩反应模型并不完美。悖论之一是纯橄岩的体积与铬铁矿的体积不是正相关。另一个矛盾是反应的岩石体积。特别是对于巨大的铬铁矿矿体来说,纯橄岩和围岩的体积并不是那么巨大,不能简单地用熔岩反应来解释(González-Jiménez 等,2014;Zhou 等,2014)。

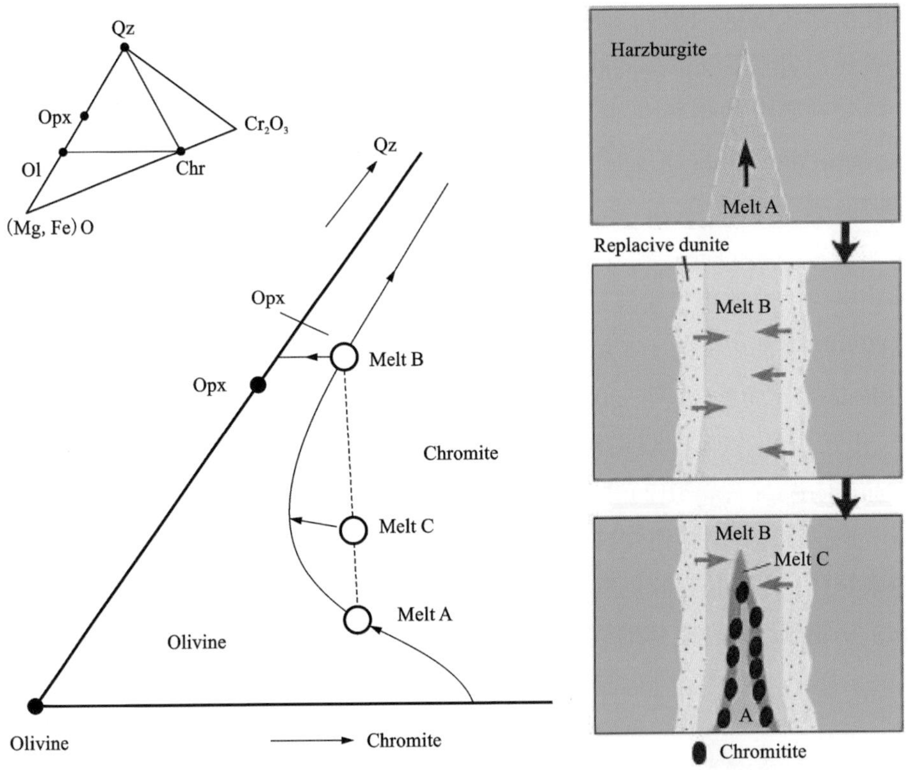

图 1-1 豆荚状铬铁矿成因的熔体混合模型(Arai 等，2016)

1.5 豆荚状铬铁矿的成因

最近，有研究者发现了位于豆荚状铬铁矿中的原位超高压矿物包裹体，包括中国的罗布莎铬铁矿(Yamamoto 等，2009；Yang 等，2007)和俄罗斯的乌拉尔铬铁矿(Yang 等，2015)。基于这种特殊的超高压矿物和透辉石在铬铁矿中的出溶现象，Dilek 和 Yang(2018)认为此类铬铁矿形成于深地幔中(图 1-2)。此外，在阿曼 Samail 蛇绿岩中通过重矿物分离发现了莫桑石(Robinson 等，2015)。Chen 等(2019)指出，Samail 蛇绿岩铬铁矿中的钙闪石出溶现象表明铬铁矿的高压成因。

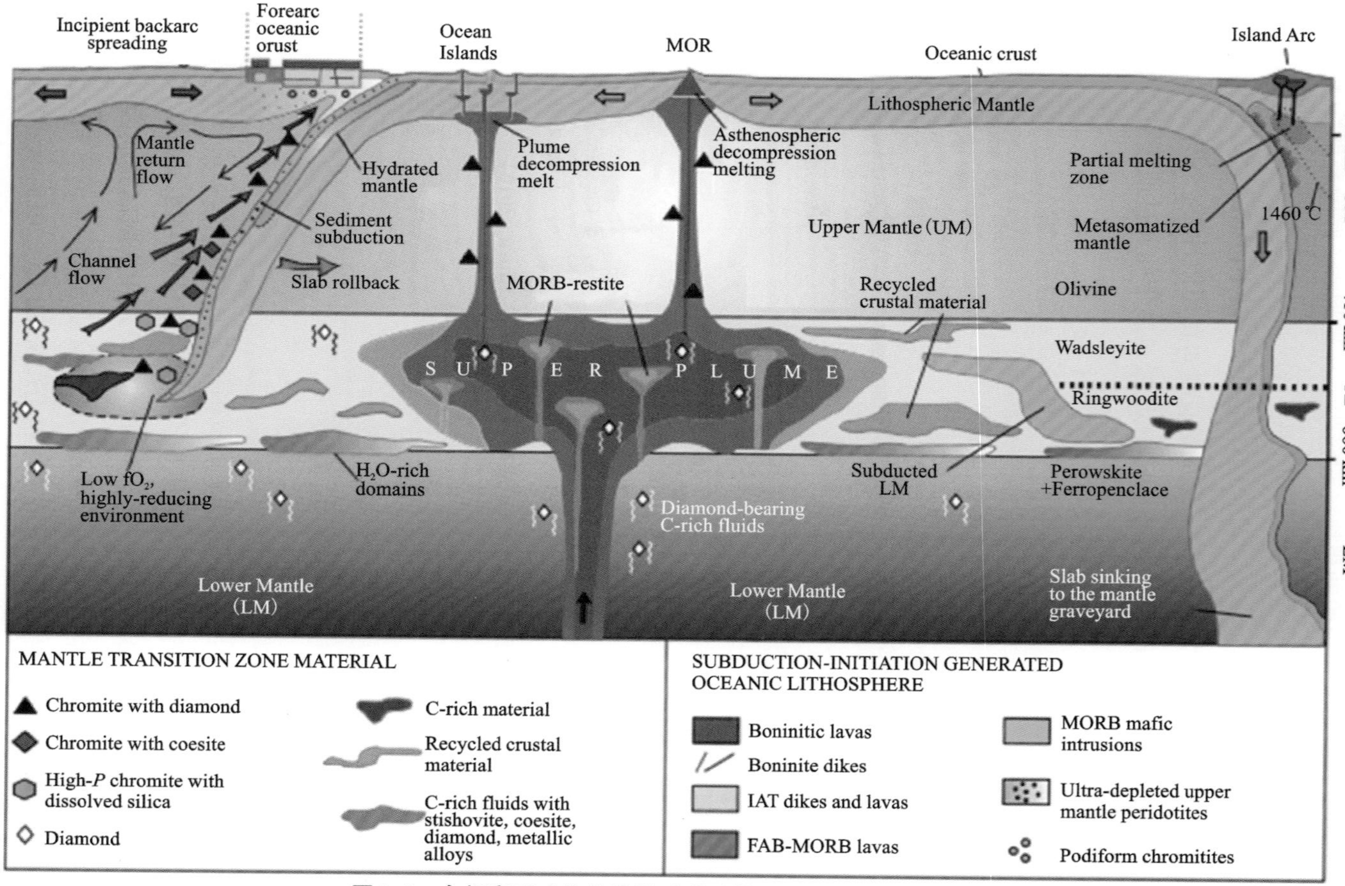

图1-2 含超高压矿物的铬铁矿成矿模型（Dilek和Yang，2018）

FAB弧前玄武岩；IAT岛弧拉斑玄武岩；LM下地幔；TZ过渡带；MORB洋中脊玄武岩；MOR洋中脊；UM上地幔。

Griffin 等(2016)认为此类含 UHP 矿物的铬铁矿形成于浅部，如超俯冲带(SSZ)环境。这些铬铁矿与俯冲板块一起被带入深层地幔，并随着地幔上升流再次返回浅层。Arai 和 Miura(2016)认为 UHP 铬铁矿是在低压下形成的，然后被俯冲到深地幔中，并通过地幔对流再循环回到上地幔中(图 1-3)。他们认为所有的铬铁矿都是由熔岩反应在浅部形成的，例如在超俯冲带(SSZ)环境和洋中脊(MOR)环境中。一部分铬铁矿俯冲进入地幔过渡带并通过地幔对流上升。在再循环过程中，UHP 矿物可能被铬铁矿捕获。

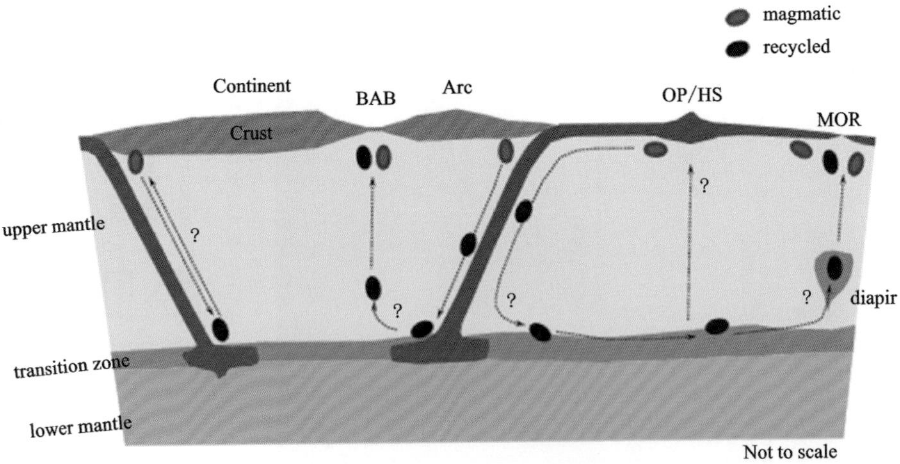

图 1-3 超高压和低压铬铁矿成矿模型(Arai 和 Miura，2016)

1.6 本书的主要内容与研究方法

本书主要介绍了阿曼豆荚状铬铁矿的成因。两个关键问题是铬铁矿母体熔体的特征和铬铁矿的年龄。熔体包裹体是了解母体熔体的关键，因此，本书专注于铬铁矿中熔体包裹体的研究。铬铁矿的年龄可以用来限制其成因。然而，直接对超镁铁质岩石测年仍然是一个挑战，因为没有适合定年的矿物。一些研究人员试图从多达几吨的铬铁矿中分离出锆石(Howell 等，2015；Xu 等，2015；Yang 等，2015)。近年来，通过仅需几公斤样品的 SelFrag(高压脉冲破碎仪)就已将越来越多的锆石与铬铁矿分离(Proenza 等，2014；2018)。然而，锆石的年龄表明它们是再循环的地壳矿物(Robinson 等，2015)。

在本书中，使用高分辨率 X 射线计算机断层扫描(HRXCT)和扫描电子显微镜(SEM)来研究 Samail 蛇绿岩铬铁矿中熔体包裹体的演化和意义。EPMA 和 LA-ICP-MS 分析用于测量包裹体中子矿物和主矿物的主量元素和微量元素，这可能表明铬铁矿的成矿地质环境。此外，通过 Nano-SIMS 进行原位 U-Pb 磷灰石包裹体定年，以约束铬铁矿的形成年龄。

第 2 章 阿曼豆荚状铬铁矿地质背景

2.1 Samail 蛇绿岩简介

Samail 蛇绿岩被认为是约 95 Ma 由特提斯洋壳形成(图 2-1)(Coleman, 1981; Loosvele 等, 1996; Searle 等, 1999; Tilton 等, 1981; Warren 等, 2005)。壳幔过渡带(MTZ)是大洋岩石圈地幔剖面与地壳剖面之间的边界。在 Samail 蛇绿岩中, MTZ 主要由含辉长岩透镜体的纯橄岩组成, 厚度范围从几米到几百米(Abily 等, 2013; Boudier 等, 1995; Ceuleneer 等, 1985; Jousselin 等, 2000)。MTZ 位于下地壳辉长岩下方, 在残留的地幔方辉橄榄岩上方, 约 5%~15%为呈条带状纯橄岩(Coleman, 1981)。Samail 蛇绿岩中的豆荚状铬铁矿同时存在于 MTZ 和地幔部分。在 MTZ 中, 它们通常具有浸染状构造, 但在地幔部分则呈现出豆荚状或块状构造(Ahmed 等, 2002; Arai 等, 2016; Rollinson, 2008)。此外, 铬铁矿的组成成分是变化的。通常, MTZ 中铬铁矿中的 Cr#低于地幔部分中的 Cr#(Borisova 等, 2012; Rollinson, 2008)。

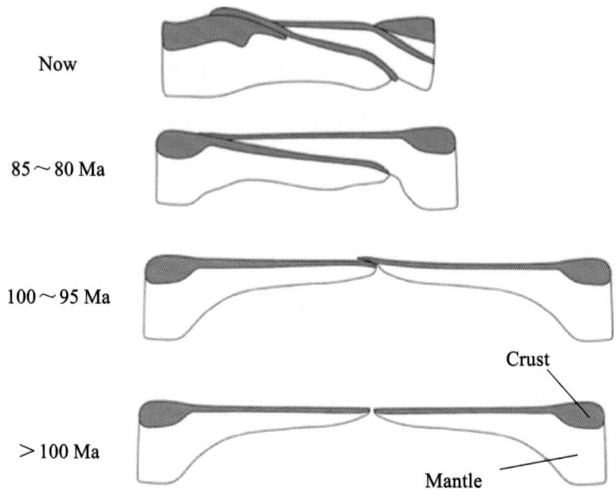

图 2-1　Samail 蛇绿岩可能的形成模式(Nicolas, 1989)

2.2　样品位置

本书研究的样品是从三个地方收集的：(1)Samail 地块 MTZ 中的条带状铬铁矿(UTM：0596794, 2556987)；(2)来自 ICDP 阿曼钻探项目(OmanDP)MTZ 中 Wadi Tayin 地块 Wadi Zeeb 的 CM2B 孔的铬铁矿脉(岩芯 18, 第 1 节, 23~28 cm；岩芯 58, 第 3 节, 36~39 cm；岩芯 58, 第 3 节, 39~43 cm；岩芯 59, 第 1 节, 89~94 cm)；(3)Fizh 地块西部(地幔部分)的豆荚状铬铁矿(UTM：0393300, 2689455)(图 2-2、图 2-3)。

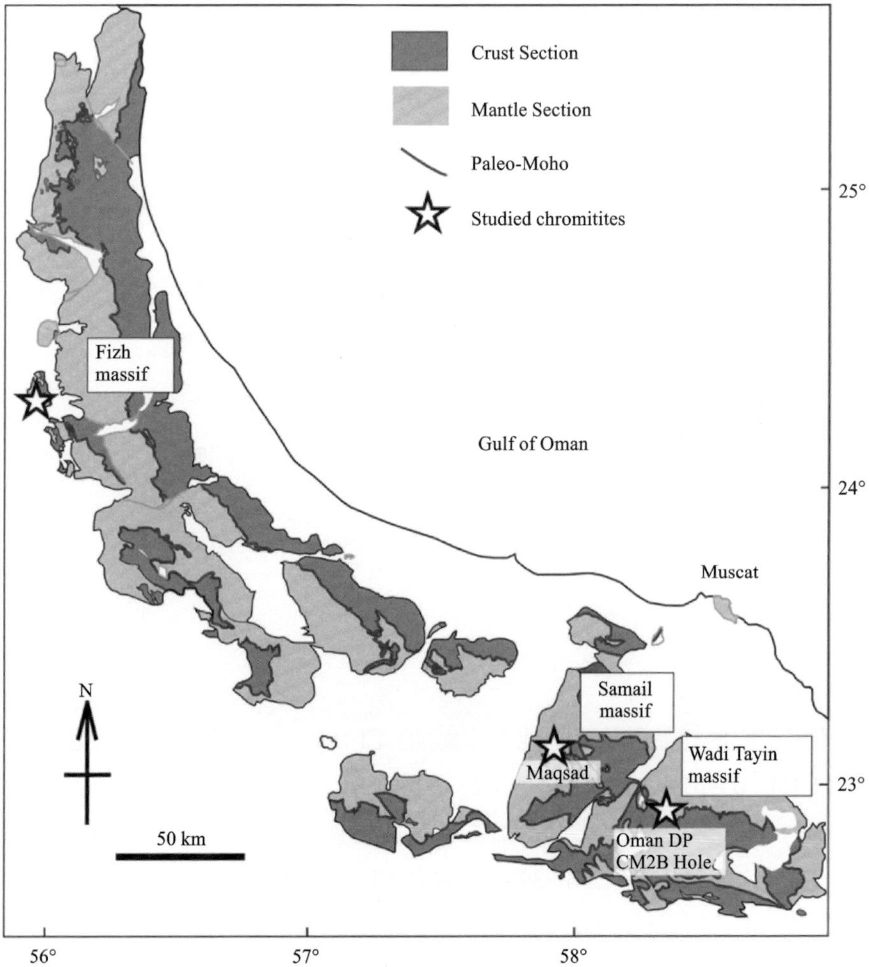

图 2-2 Samail 蛇绿岩简化地质图(Nicolas et al.，2000)

☆表示研究样本位置

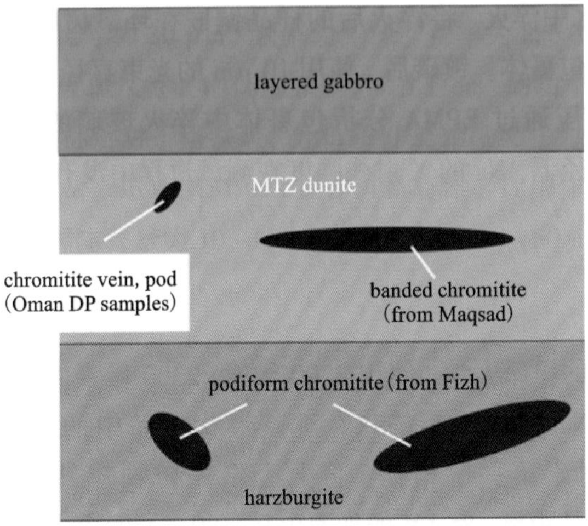

图 2-3 Samail 蛇绿岩中 MTZ 和地幔铬铁矿的地质剖面示意图

2.3 分析方法

2.3.1 SEM-EDS-EBSD

本次研究使用日本新潟大学的 JEOL JSM-IT100BU 扫描电子显微镜和牛津 Aztec Energy Standard X 射线能谱仪(SEM-EDS)对多固相包裹体的成分进行了定性分析，并获得了多固相包裹体的背散射电子图像。

在名古屋大学使用扫描电子显微镜(HITACHI S-3400N II 型)结合 EDS 和 EBSD(HKL CHANNEL5)进行电子背散射衍射(EBSD)分析。分析加速电压和电子束电流分别为 20 kV, 110 μA, 分析压力为 30 Pa。

2.3.2 高温均一实验

在新潟大学工学部进行了高温(HT)均质化实验。将来自 MTZ 的

第3章
阿曼豆荚状铬铁矿地质特征

3.1 岩石学特征

3.1.1 铬铁矿

条带状铬铁矿具有浸染状的构造，主要由半自形橄榄石(0.3~0.5 mm)和半自形铬铁矿(0.3~0.5 mm)组成，其中铬铁矿和橄榄石比例的变化导致了条带状构造[图 3-1(a)，(b)]。铬铁矿相对较新鲜(蛇纹石少于 5%)，但是在围岩的裂缝中存在蛇纹石、天然铜、铜的碳酸盐和氧化物矿物。在 CM2B 孔中岩芯的铬铁矿脉中，铬铁矿为 0.3~0.6 mm，并且纯橄岩完全变为蛇纹岩[图 3-1(c)]。豆荚状铬铁矿样品是块状矿石，其中 90%以上的铬铁矿以不规则的、粒径不一的聚集体的形式排列[图 3-1(d)]。

3.1.2 多固相包裹体的特征

多固相包裹体在条带状铬铁矿样品[图 3-2(a)]和 OmanDP 岩芯的铬铁矿脉中很常见，而在豆荚状铬铁矿样品中则很少[图 3-2(b)]。铬铁矿中的多固相包裹体呈圆形，直径范围为 1 到 200 μm。原生多固相包裹体随机分布在铬铁矿中[图 3-3(a)]，而少数次生多固相包裹体沿铬铁矿的裂缝分布[图 3-3

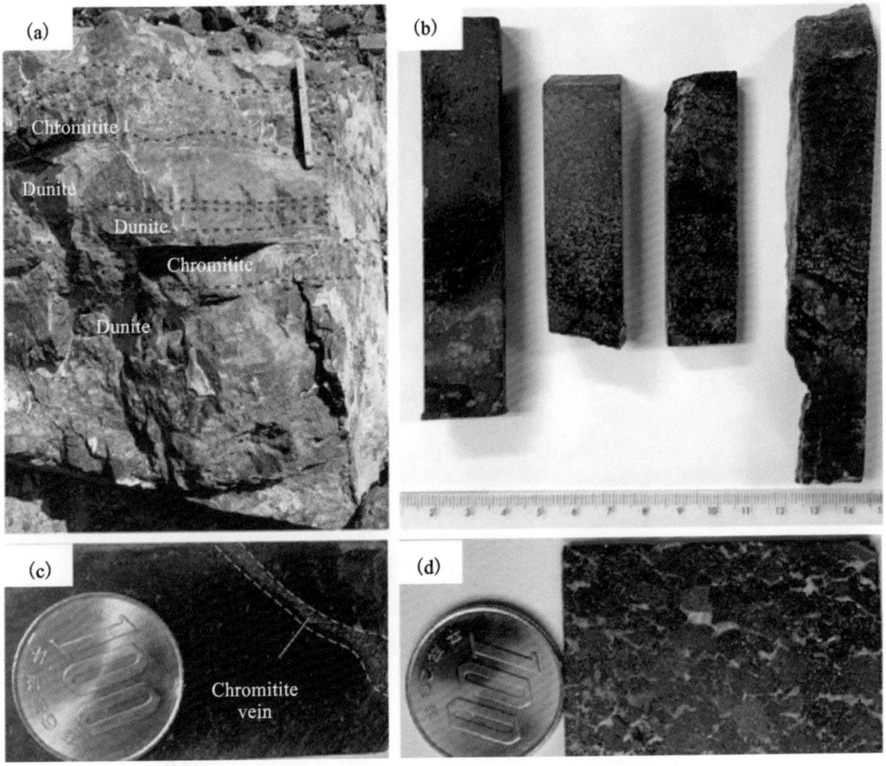

图 3-1 研究样品中铬铁矿的产出状态

(a)条带状铬铁矿中浸染状铬铁矿和纯橄榄岩；(b)条带状铬铁矿的手标本，显示出不同比例的浸染状铬铁矿和橄榄石。这些标本来自(a)；(c)OmanDP 中 CM2B 岩芯 18 第 1 段中 56~61 cm 处的铬矿脉；(d)豆荚状铬铁矿样品的块状构造。硬币的直径是 22. 6 mm

(b)]。本书仅研究无裂纹的原生多固相包裹体。原生包裹体的形状从负晶形状和球形到不规则形态。在极少数情况下，会观察到多固相包裹体的卡脖子现象(图 3-4)。此外，条带状铬铁矿会显示出骸晶形态(图 3-5)。Rospabé 等(2019)详细描述了来自阿曼蛇绿岩的条带状铬铁矿样品中的多固相包裹体。

本书使用 HRXCT 扫描了条带状铬铁矿样品。考虑到铬铁矿和多固相包裹体之间的高密度差异，本书试图捕获铬铁矿内多固相包裹体的外部形状。图 3-6 显示了多固相包裹体的空间分布和精确的表面形态。大多数多固相包裹体为负晶体形态。中心的多固相包裹体的大小为 80 μm 或更大，而其他多固

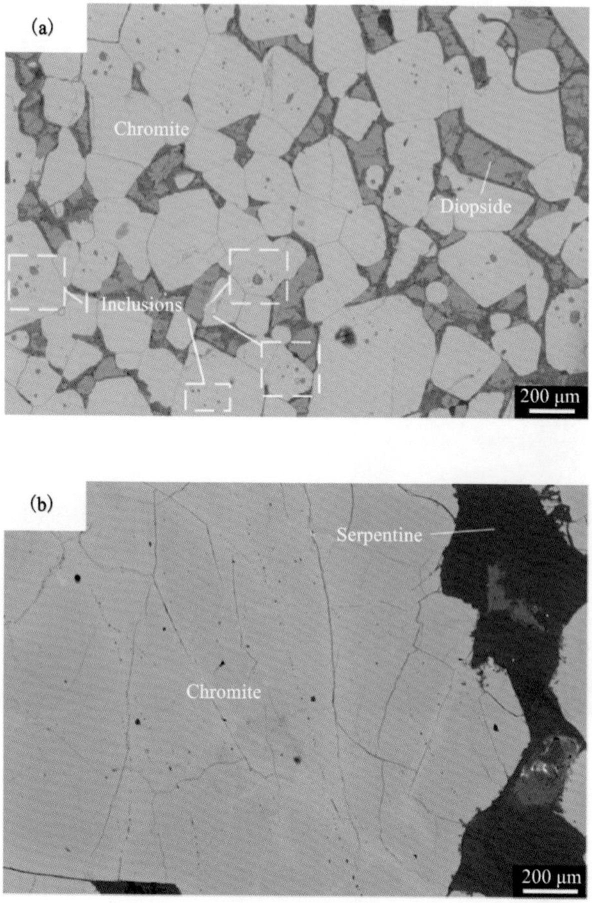

图 3-2　不同样品中包裹体的分布

(a)在条带状样品的铬铁矿中出现的大量的包裹体；
(b)在豆荚状样品中包裹体不常见

相包裹体的大小则小于 30 μm，并分布在中心的大型多固相包裹体周围。此外，中心多固相包裹体的表面有一个尖锐的突起(图 3-7)。

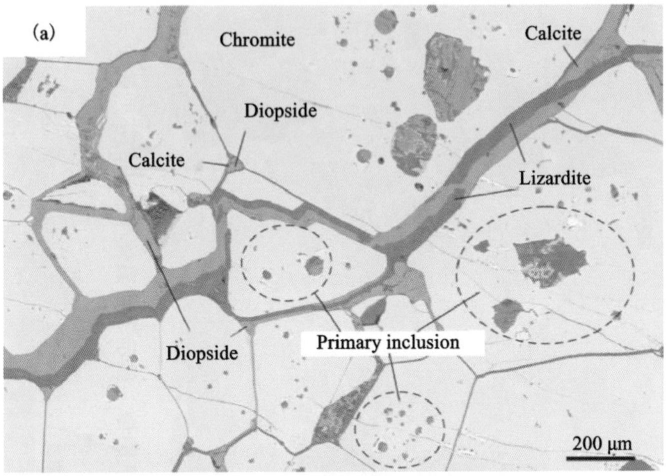

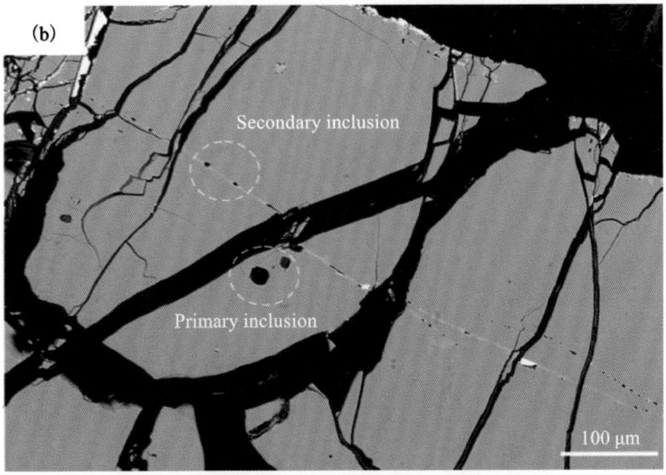

图 3-3　铬铁矿和包裹体的背散射电子图像

(a) MTZ 矿区条带状铬铁矿中原生多相固体包裹体的背散射电子图像;

(b) OmanDP 样品中铬铁矿中的原生和次生包裹体

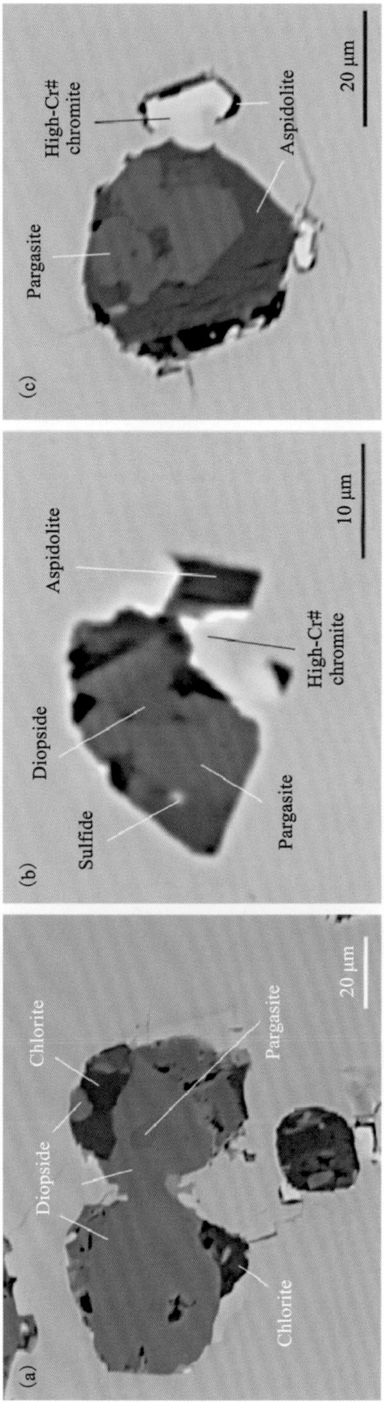

图3-4　铬铁矿（来自**OmanDP**样品）中包裹体的背散射电子图像，显示了包裹体卡脖子的不同阶段

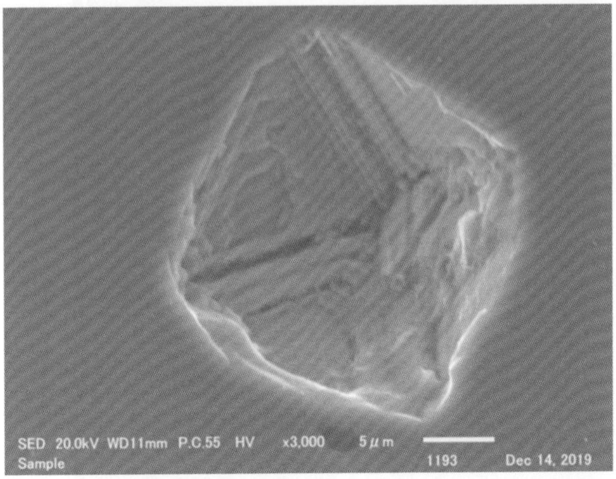

图 3-5　条带状铬铁矿中骸晶结构的铬铁矿晶体的二次电子图像

中心的半八面体形状是一个空洞，可能曾经包裹着一个包裹体，
但在样品制备或抛光过程中丢失

3.1.3　熔体包裹体中的子矿物

子矿物是那些从包裹体中被捕获的，最初是均匀的熔体/流体中结晶出来的矿物(Roedder, 1984)。在来自 MTZ 的条带状铬铁矿样品中，发现了各种类型的子矿物，包括硅酸盐矿物、硫化物和 Cr#高于主矿物铬铁矿的高 Cr#铬铁矿。硅酸盐多固相包裹体的直径范围为 5 至 200 μm，由绿金云母(aspidolite)、韭闪石(pargasite)、透辉石(diopside)、顽火辉石(enstatite)、镁橄榄石、斜长石、榍石和磷灰石组成(图 3-8 和附录图 S1)。高 Cr#铬铁矿(Cr#> 0.6)作为包裹体的内衬存在[图 3-8(b~d)]。在某些多固相包裹体中，高 Cr#衬里会出现一些硅酸盐或硫化物矿物[图 3-8(b~d)]。多数硫化物是镍黄铁矿(pentlandite)和 Fe-Ni-Cu 硫化物。在来自 OmanDP 岩芯的铬铁矿脉状样品中，多固相包裹体包括绿金云母、韭闪石、顽火辉石、磷灰石、钠长石、透辉石、透闪石、尖晶石(Cr#=0.21)、方解石和镍黄铁矿(附录图 S2)。在这些样品中还观察到多固相包裹体周围有高 Cr#铬铁矿衬里。地幔层位的豆荚状铬铁矿样品

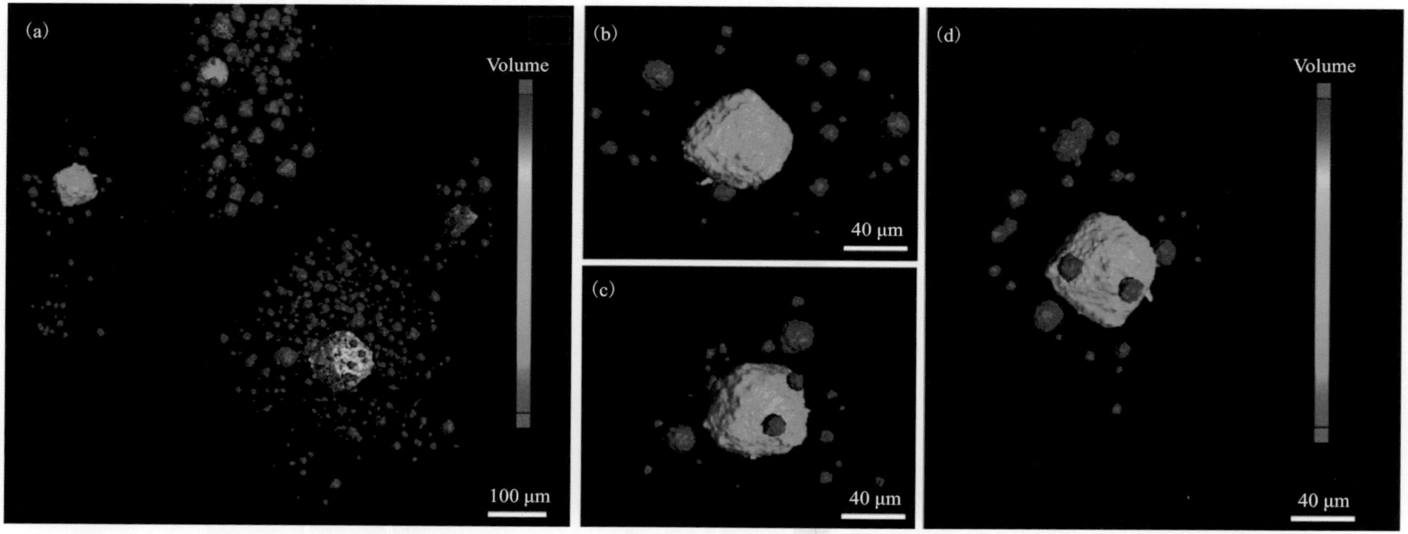

图3-6 (a) 显示条带状铬铁矿中包裹体分布的3D HRXCT图像。四个单独的铬铁矿颗粒中含有四个包裹体簇。(b～d) 一个包裹体簇的三个不同方向，包括一个大包裹体，周围有较小的包裹体。黄色和绿色包裹体的直径分别约为100 μm和80 μm。直径<30 μm的包裹体显示为蓝色

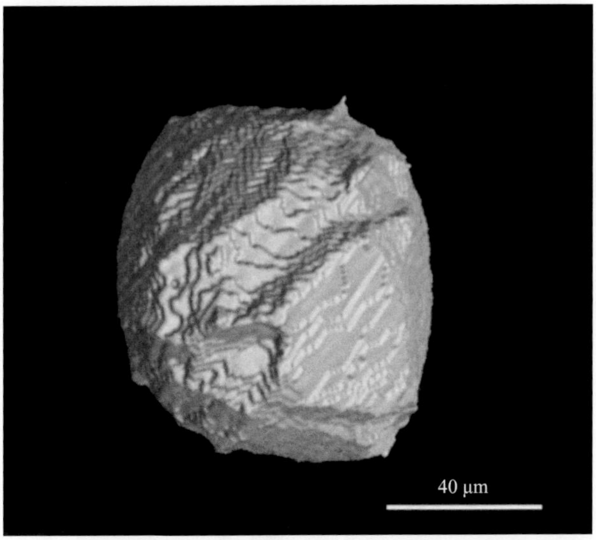

图 3-7　包裹体的 3D HRXCT 图像

顶部可见延伸至铬铁矿中的突出物

中的多固相包裹体较为少见，主要由类似于铬铁矿脉中的矿物组成(附录图 S3)，并且还出现了高 Cr#铬铁矿衬里[图 3-8(g)]。

此外，在条带状铬铁矿样品中会出现铬铁矿的生长条纹[图 3-9(a~b)]，而在 OmanDP 样品中多固相包裹体的壁上会形成若干高 Cr#铬铁矿微晶[图 3-9(c~d)]。此外，通过计算每个样品中包含单个子矿物(包括高 Cr#铬铁矿衬里)的多固相包裹体的数量可以来获得多固相包裹体中各个子矿物的百分含量[图 3-10(a~c)]。结果表明，对于 OmanDP 样品、条带状样品和豆荚状样品，含有高 Cr#铬铁矿衬里的多固相包裹体的百分含量分别为 67%、27%和 7%[图 3-10(d)]。

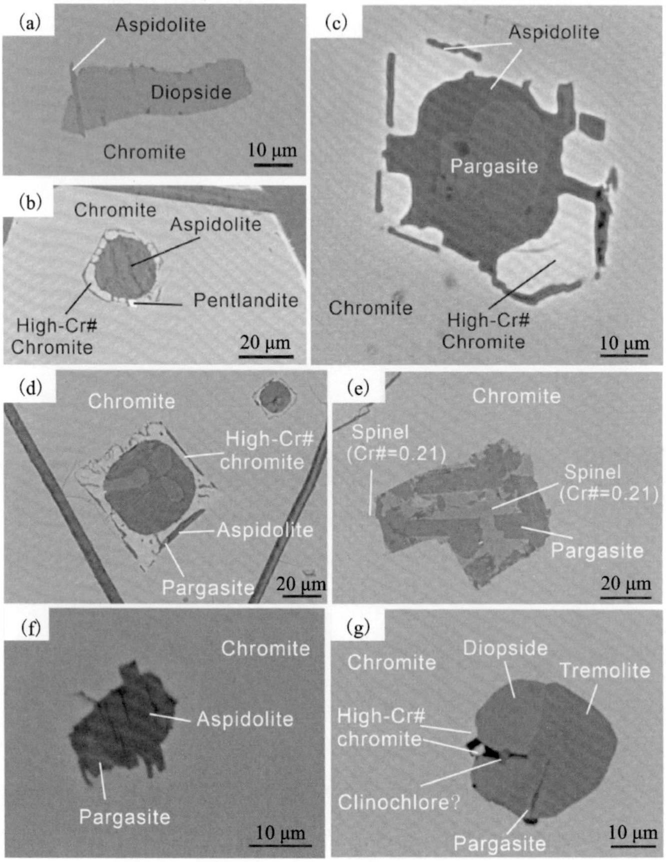

图 3-8 铬铁矿中包裹体的背散射电子图像

(a)和(e)来自 OmanDP 样品；(b)、(c)和(d)来自条带状铬铁矿；(f)和(g)来自豆荚状铬铁矿。(a)和(f)针状绿金云母穿插透辉石和铬铁矿主矿物，表明绿金云母晶体生长必须在透辉石结晶和铬铁矿衬里生长之前发生；(b)铬铁矿内壁的硫化物晶体，高铬铬铁矿衬里面积为整个包裹体面积的 32%；(c)和(d)铬铁矿内壁的绿金云母和高铬铬铁矿，高铬铬铁矿衬层面积分别为整个包裹体面积的 40%和 46%；(e)包裹体壁和内部的低铬的尖晶石；(g)包裹体壁上的一小粒高铬铬铁矿

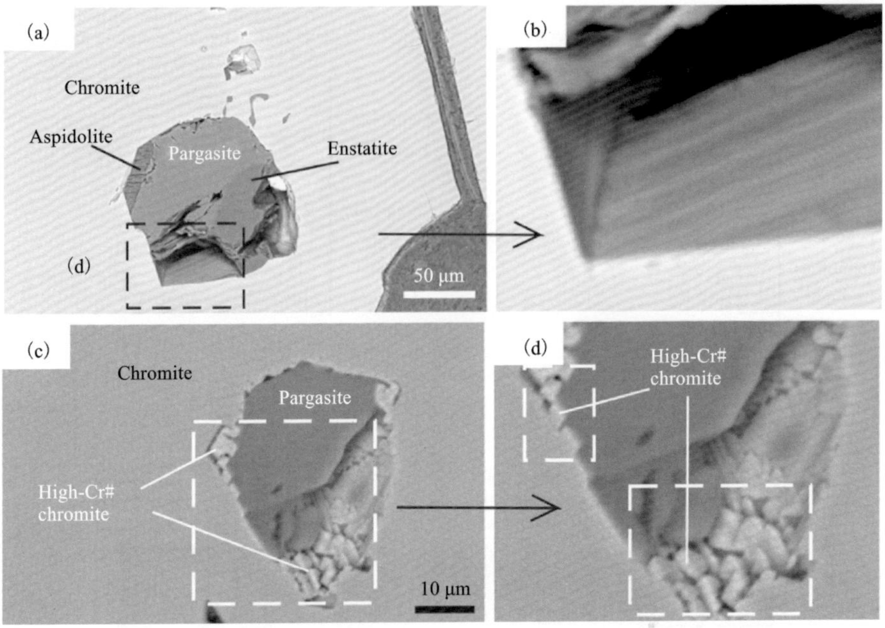

图 3-9 铬铁矿晶粒内壁上两种铬铁矿晶体生长的背散射电子图像

包裹体内部的空隙可能是抛光过程中产生的孔洞。(a)条带状样品中的铬铁矿；(b)铬铁矿在包裹体壁上的位错生长条纹；(c)OmanDP样品中的铬铁矿；(d)铬铁矿晶粒呈二维成核生长，包裹体壁上存在一些高铬铬铁矿微晶

3.1.4 固体包裹体

3.1.4.1 铂族元素矿物(PGE minerals)

在条带状样品和豆荚状样品中观察到铂族元素矿物(PGM)为固体包裹体(图3-11)。条带状样品中的硫钌矿晶粒直径小于5 μm。但是，在豆荚状样本中，它们通常较大(最大20 μm)。同时，豆荚状样本中的多固相包裹体中也存在铂族元素矿物。

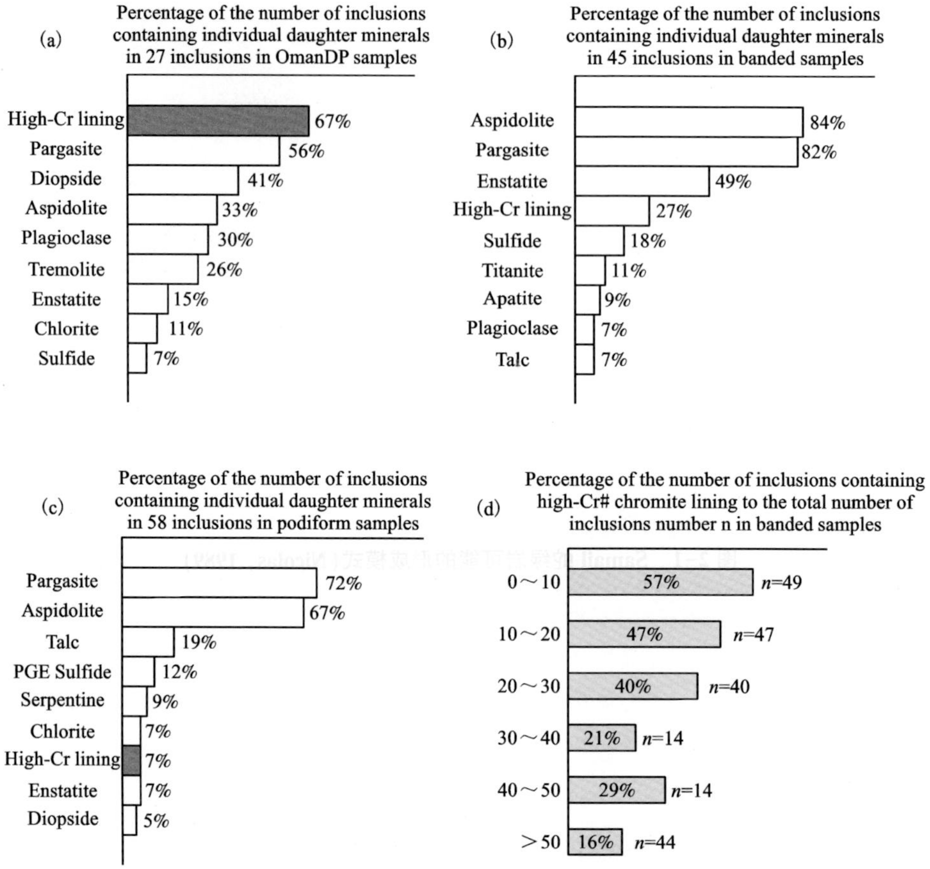

图 3-10 包含单个子矿物和高铬铁矿衬的包裹体数量占单个样品研究的包裹体总数的比例

(a) OmanDP 样品；(b) 条带样品和 (c) 豆荚状样品；(d) 含高铬铬铁矿衬里的包裹体数量占条带状样品中不同尺寸包裹体总数的百分比。*n* 表示每个尺寸范围内的包裹体数量

3.1.4.2 橄榄石

在所有样品中的铬铁矿中均观察到一些橄榄石固体包裹体(图 3-12)。它们显示出自形-他形的粒状结构。晶粒尺寸为 70 至 100 μm。同时，条带状样品中的橄榄石颗粒有时作为多固相包裹体中的子矿物存在。

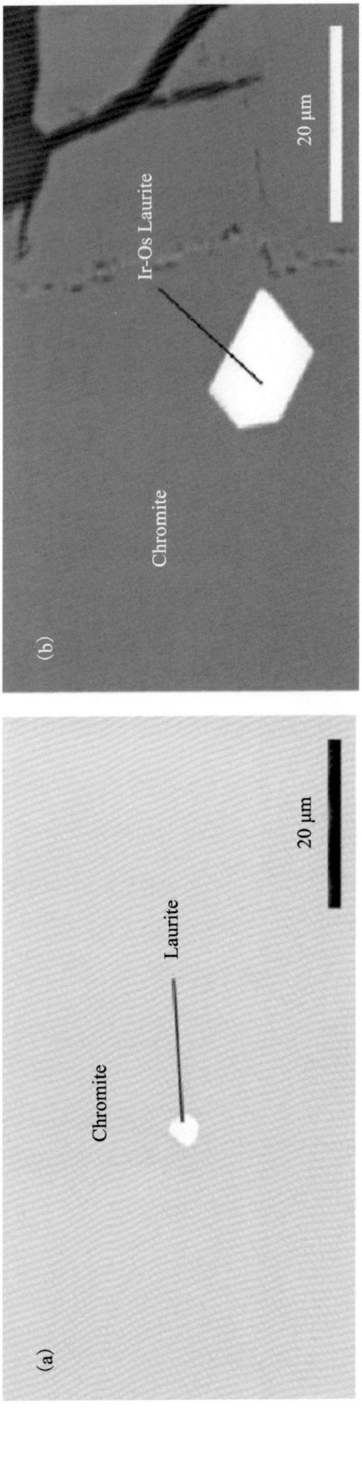

图 3-11　条带状样品（a）和豆荚状样品（b）中的硫钌矿固体包裹体

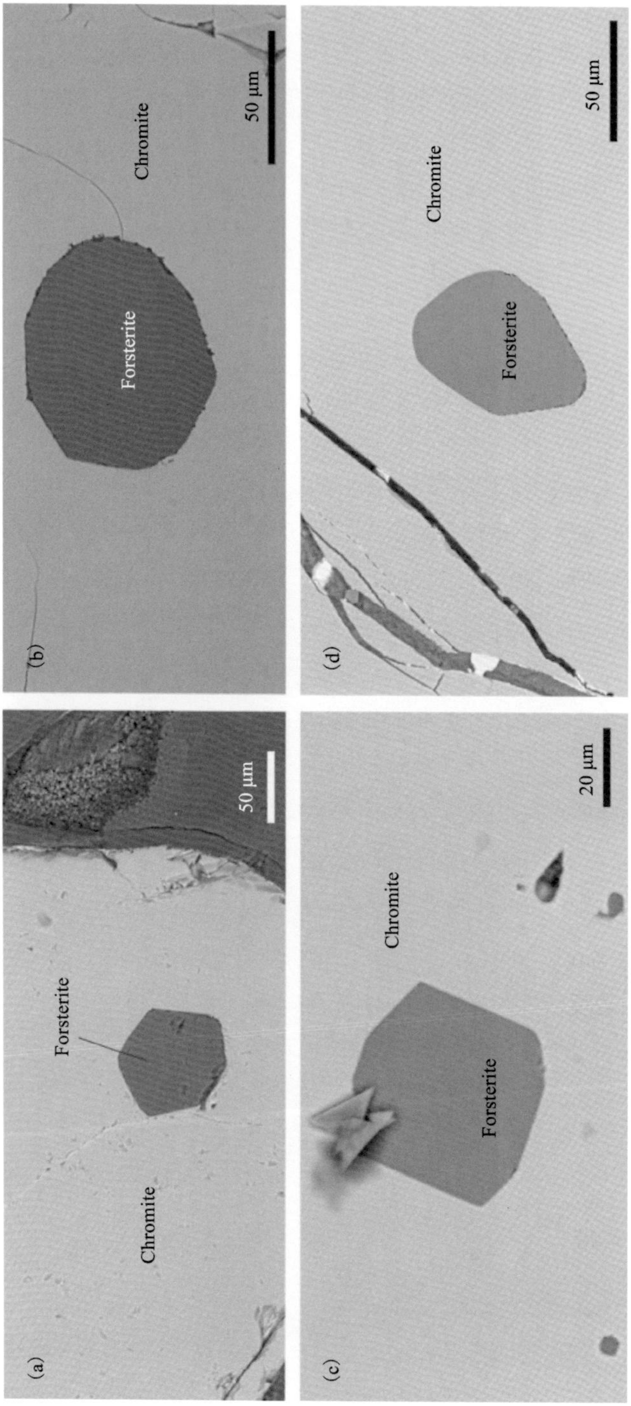

图3-12 豆荚状样品（**a**～**b**）、条带状样品（**c**）和**OmanDP**样品（**d**）中的橄榄石固体包裹体

3.2 主要矿物的地球化学特征

3.2.1 铬铁矿

3.2.1.1 铬铁矿主量元素

铬铁矿的主量元素组成变化不大(图 3-13 和图 3-14)(附录表 S1~S3)。条带状铬铁矿样品中的铬铁矿主矿物的 Cr#值为 0.50 至 0.51，Mg#值为 0.59 至 0.63，TiO_2 的百分含量为 0.32%至 0.52%。在 OmanDP 岩芯的矿脉的铬铁矿中，Cr#和 Mg#的值范围分别为 0.49~0.57 和 0.62~0.71。豆荚状铬铁矿中的铬铁矿的 Cr#值(0.69~0.77)，远高于其他铬铁矿样品中铬铁矿的 Cr#值，Mg#值为 0.59~0.68。OmanDP 样品和豆荚状样品的特征是 TiO_2 含量低。

3.2.1.1 铬铁矿微量元素

不同样品的 Ga、Ni、Zn、Co、Mn 和 V 含量(通过 MORB 铬铁矿标准化)如图 3-15 所示。条带状样品中的铬铁矿晶粒中 V(580.9×10^{-6}~827.6×10^{-6})，Mn(803.6×10^{-6}~1362.4×10^{-6})，Co(192.8×10^{-6}~295.2×10^{-6})，Ni(996.5×10^{-6}~1157.3×10^{-6})，Zn(388.0×10^{-6}~493.9×10^{-6})和 Ga(35.9×10^{-6}~48.9×10^{-6})(附录表 S4)。相反，对于 OmanDP 样品和豆荚状样品，铬铁矿晶粒中 V、Mn、Co、Ni、Zn 和 Ga 的范围很广。

3.2.2 橄榄石

橄榄石是条带状样品中的主要矿物，主要为自形-半自形结构。橄榄石的主要元素组成变化范围不大(图 3-16)。FeO 和 NiO 的百分含量分别为 5.58%至 9.23%和 0.24%至 0.70%。Fo(镁橄榄石)[100Mg 与(Mg+Fe)的比值]的值为 92 至 95(附录表 S5)。

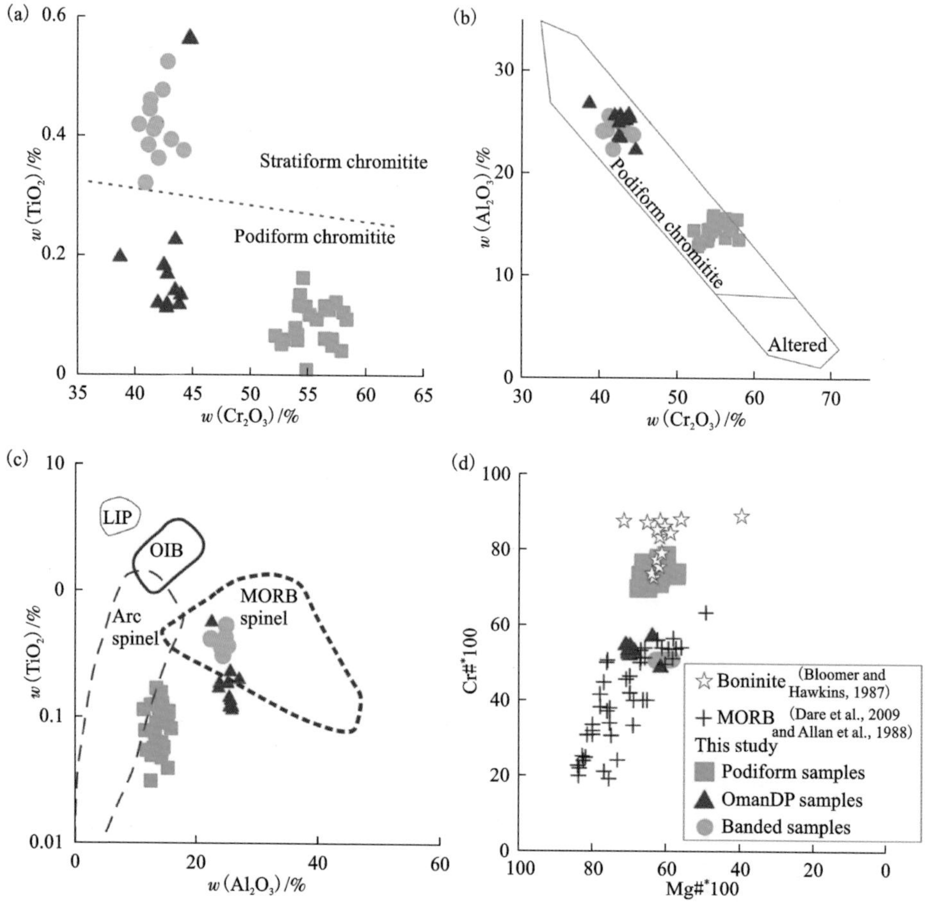

图 3-13 不同样品代表性铬铁矿的常量元素组成

(a)条带状铬铁矿和豆荚状铬铁矿之间的边界，据 Bonavia 等(1993)修改；(b)豆荚状铬铁矿和蚀变豆荚状铬铁矿的边界来自 Mussallam 等(1981)；(c)$w(TiO_2)-w(Al_2O_3)$图，Arc、OIB、LIP 和 MORB 尖晶石的边界来自 Kamenesky 等(2001)；(d)Cr#-Mg#图，玻安岩尖晶石来自 Bloomer 和 Hawkins(1987)；MORB 尖晶石来自 Dare 等(2009)和 Allan 等(1988)

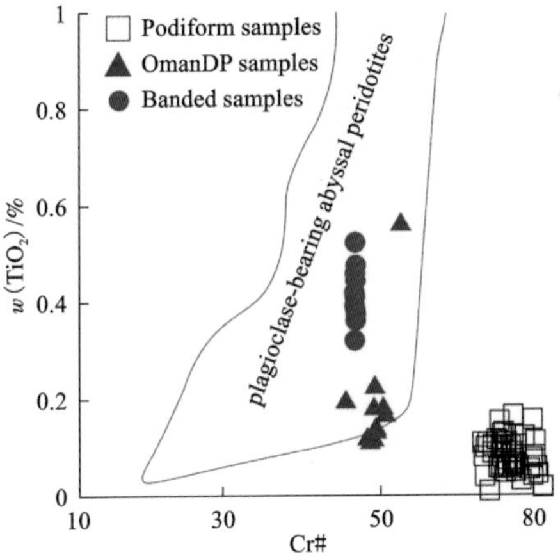

图 3-14 不同样品中铬铁矿的 Cr#与 TiO_2 百分含量图

含斜长石的深海橄榄岩边界来自 Hellebrand 等(2002)

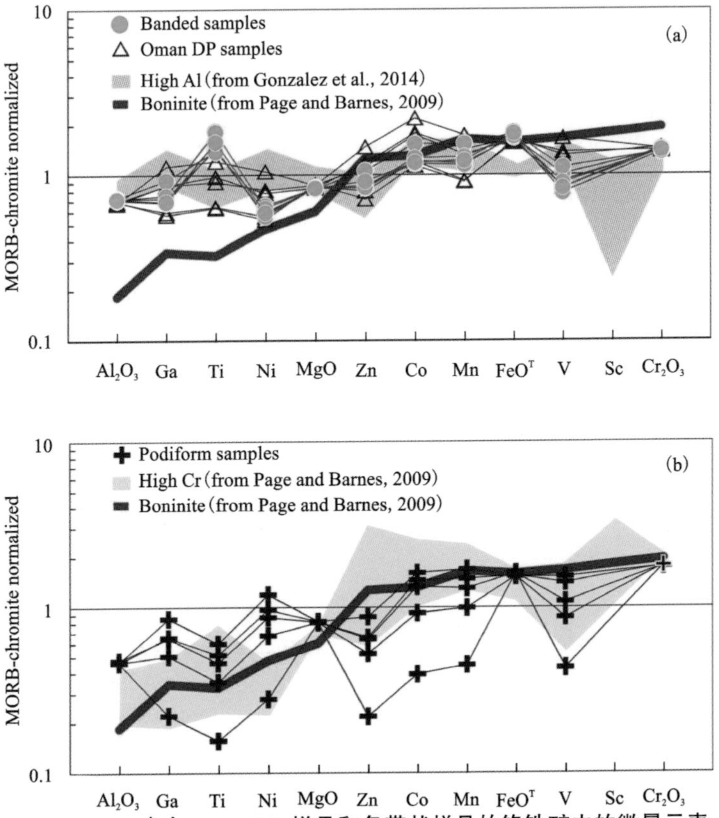

图 3-15 (a)来自 OmanDP 样品和条带状样品的铬铁矿中的微量元素;
(b)豆荚状样品中铬铁矿中的微量元素

FeO^T 是总铁;MORB 的标准化值来自 Pagé 和 Barnes(2009)

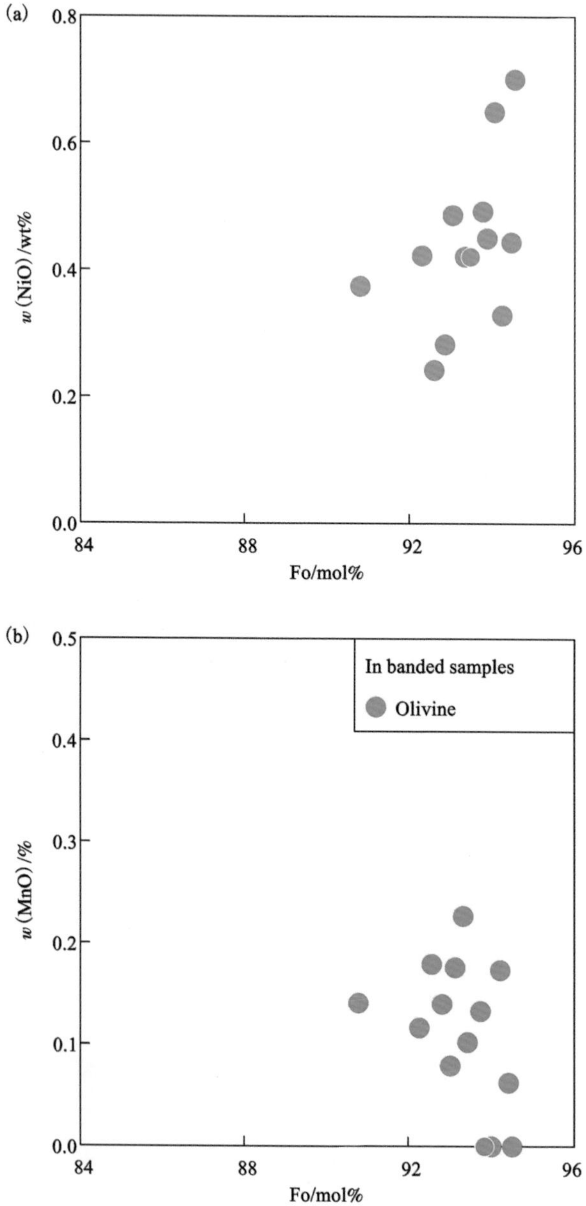

图 3-16 带状样品基质中橄榄石的组成

(a)为橄榄石的 Fo(mol%)与 NiO(%)图；

(b)为 Fo(mol%)与 MnO(%)图

3.3　多固相包裹体中的子矿物

本书使用 EPMA 分析了矿物中的主量元素，使用 Nano-SIMS 分析磷灰石中的 U-Pb 同位素。

3.3.1　角闪石(韭闪石和透闪石)

多固相包裹体中最常见的子矿物为角闪石。根据 CaO 的百分含量和国际矿物学协会(IMA)分类(Hawthorne 等，2012)，角闪石的主要成分为韭闪石和透闪石(图 3-17)(数据见附录表 S10~S12)，尤其是韭闪石，在所有样品中都观察到了。

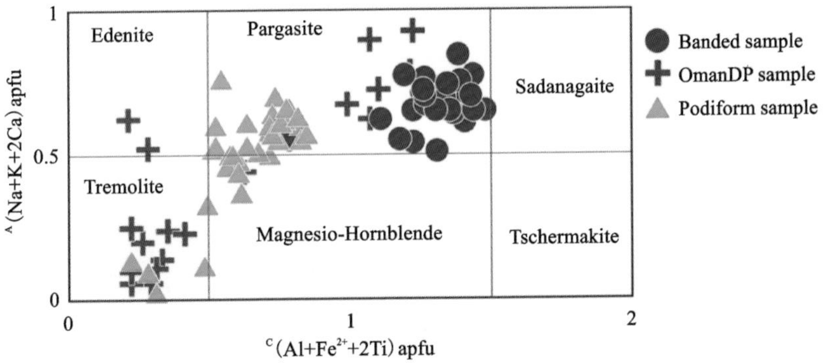

图 3-17　不同样品中多相固体包裹体中角闪石的类型

3.3.2　绿金云母和金云母

绿金云母是含钠的金云母。在所有的样品中都作为子矿物出现。绿金云母和金云母的主量元素表现为相似的成分（附录表 S13~S15）除了 Na_2O 和 K_2O（图 3-18）。大部分绿金云母表现为很低的 K_2O 含量(0.02%~1.55%)，高 Na_2O 含量(2.43%~6.88%)。金云母中的 Na_2O 和 K_2O 百分含量分别为 0.07%~1.27%和 4.23%~10.09%。

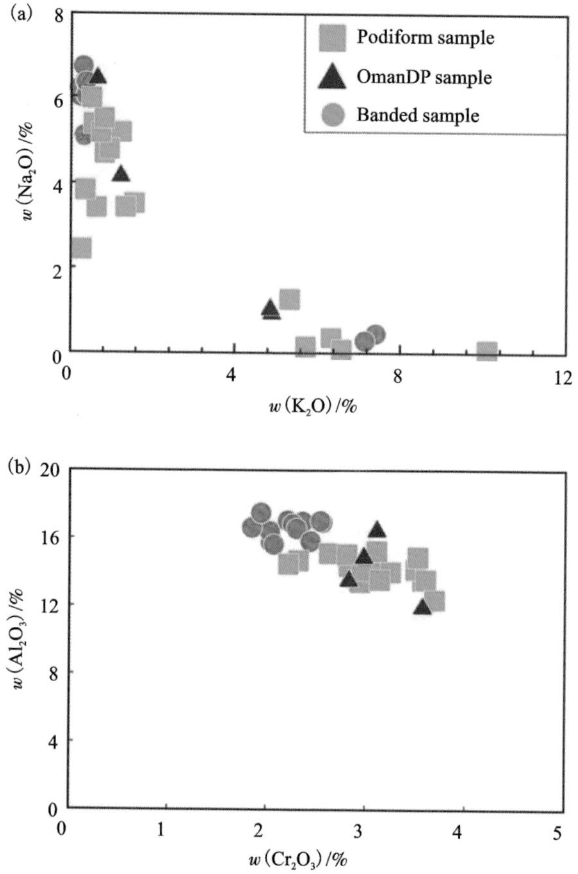

图 3-18 不同样品中绿金云母和金云母的 $w(Na_2O)-w(K_2O)$（图 a）和 $w(Al_2O_3)-w(Cr_2O_3)$（图 b）

3.3.3 高 Cr#铬铁矿

条带状铬铁矿中的铬铁矿衬里的 Cr#从 0.62 到 0.65，高于铬铁矿主矿物。OmanDP 样品中的铬铁矿衬里具有较高的 Cr#（0.58 至 0.79），较低的 Mg#（0.48~0.68）值。豆荚状铬铁矿中铬铁矿衬里的 Cr#和 Mg#值分别为 0.79~0.82 和 0.54~0.79。总的来说，铬铁矿衬里的 Cr#值通常高于其主矿物铬铁矿晶粒的 Cr#值（图 3-19）。成分的差异在背散射电子图像中很明显，其中高铬铬铁矿衬里比主矿物更亮[图 3-8(b)、(c)、(d)]。

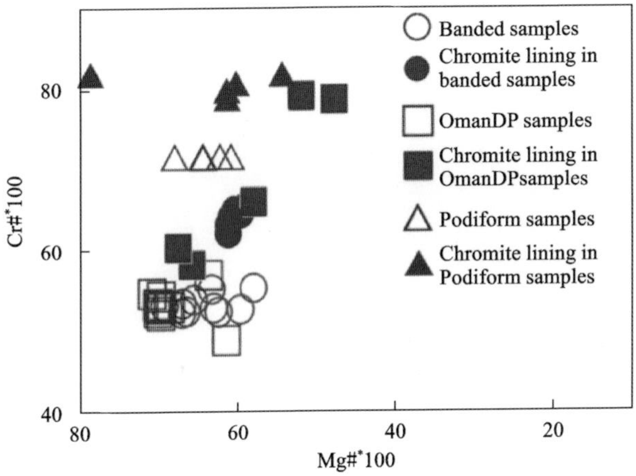

图 3-19　三种样品的铬铁矿主矿物(开放符号)和铬铁矿衬里(封闭符号)的主量元素组成

铬铁矿、高铬铬铁矿和子矿物的 SEM-EDS 强度剖面如图 3-20 所示。铬铁矿衬里的铬铝比和铁强度均高于铬铁矿。图 3-21 和附录图 S3~S5 给出了穿过四个包裹体中铬铁矿和高铬铬铁矿衬里之间边界的 Al-K 线的强度剖面。

3.3.4　橄榄石

橄榄石作为多固相包裹体子矿物只出现在条带状样品中。在条带状样品中，橄榄石子矿物的 Fo 比基质中橄榄石的 Fo 变化更大(图 3-22)(附录表 S19)。橄榄石子矿物的 Fo 值一般为 85.5~95.5。橄榄石子矿物中 NiO 和 MnO 的百分含量分别为 0.06%~0.50%和 0.03%~0.38%。

3.3.5　辉石

多固相包裹体中的辉石主要为透辉石和顽火辉石(图 3-23)。它们在条带状样品和 OmanDP 样品中很常见。条带状样品中的辉石比 OmanDP 样品中的辉石主量元素成分变化更大(图 3-24 和附录表 S20~S22)。对于条带状样品，顽火辉石和透辉石的 Mg#分别为 0.92~0.99 和 0.78~0.99。对于 OmanDP 样品，顽火辉石和透辉石的 Mg#分别为 0.94~0.96 和 0.97~1.00。

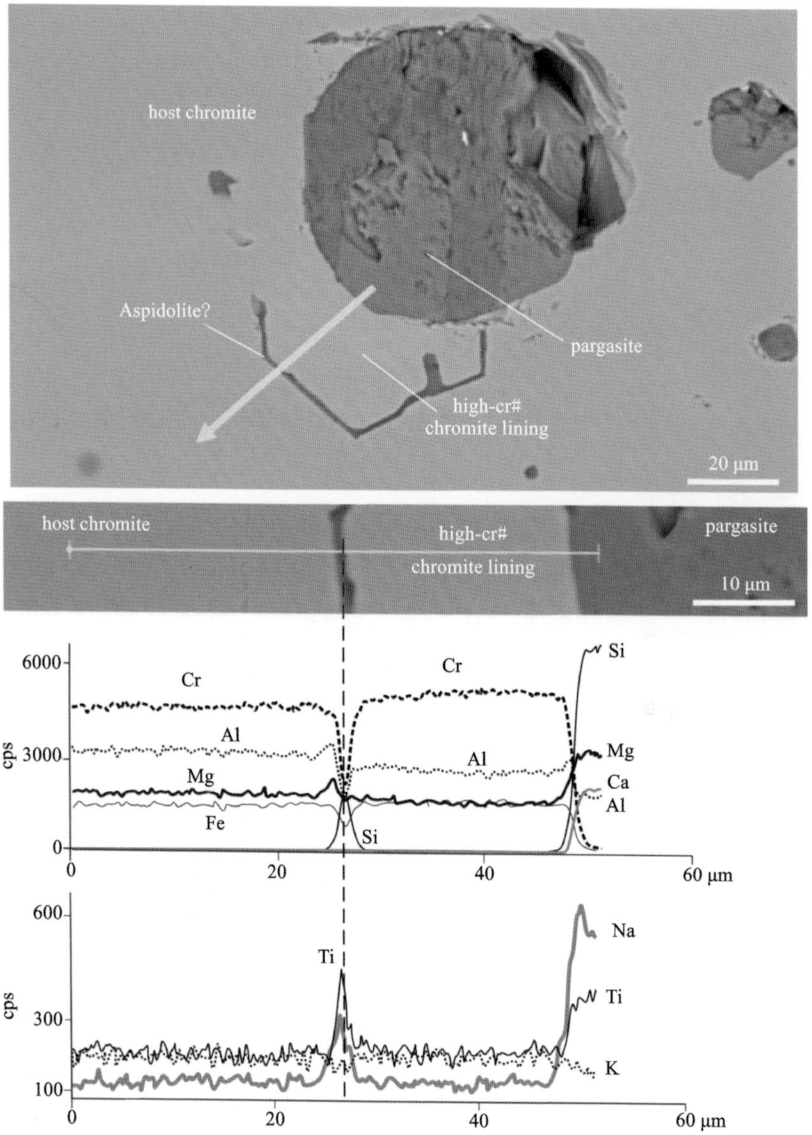

图 3-20 条带状样品中铬铁矿、高铬铬铁矿衬里和子矿物的 SEM-EDS 强度剖面

铬铁矿衬里的 Cr 与 Al 比值比铬铁矿主矿物高

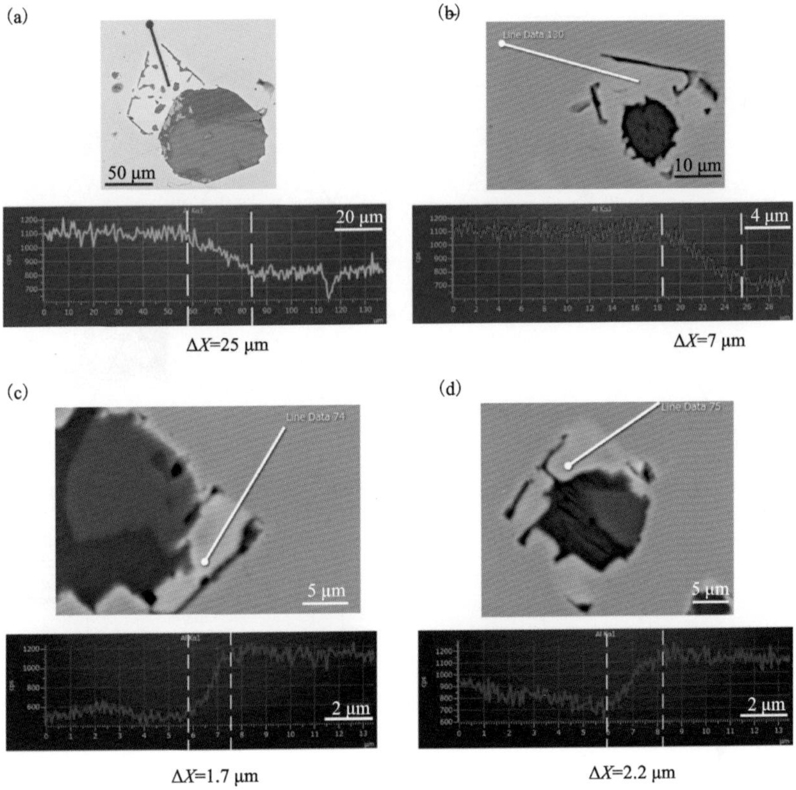

图 3-21　四个包裹体中穿过铬铁矿与高铬铬铁矿衬里边界的 Al-K 线强度剖面

(a)、(b)条带状样品中的包裹体；(c)、(d)OmanDP 样品中的包裹体。每个剖面都是在从铬铁矿到高铬铬铁矿衬里的连续区域内获得的，避开了存在绿金云母的地方。ΔX 是铬铁矿和衬里之间轮廓的测量长度(详细信息见讨论中关于 MTZ 铬铁矿的冷却速度章节)

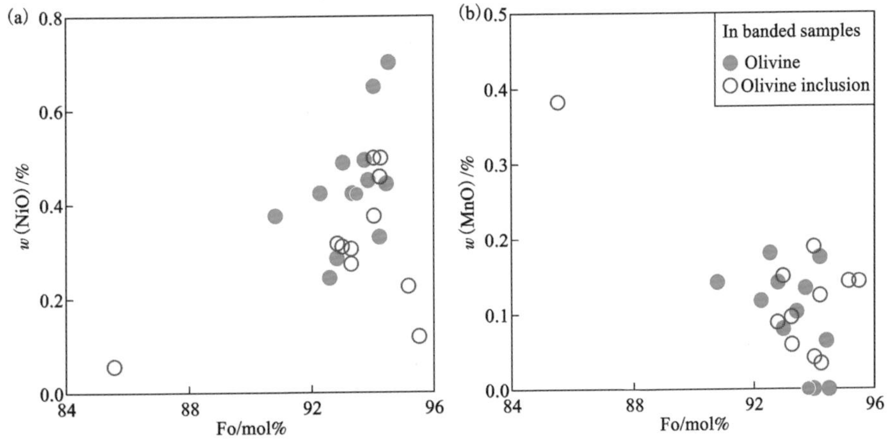

图 3-22　条带状样品中橄榄石颗粒和橄榄石包裹体的 Fo-w(NiO)图(a)和 Fo-w(MnO)图(b)

闭合圆是基质中的橄榄石颗粒。开口圆为橄榄石包裹体子矿物

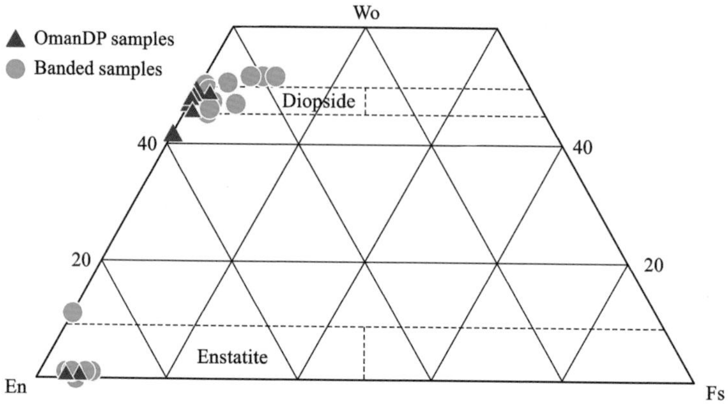

图 3-23　条带状样品和 OmanDP 样品中辉石子矿物的分类图(Howie 等，1992a)

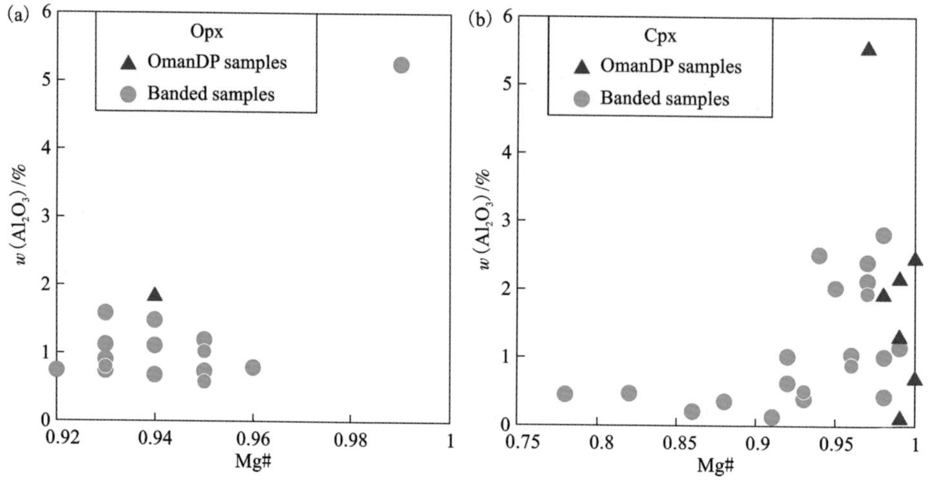

图 3-24　条带状样品和 OmanDP 样品中多固相包裹体中斜方辉石(a)和单斜辉石(b)的 $w(Al_2O_3)$ 与 Mg#曲线图

3.3.6　斜长石

多固相包裹体中的斜长石主要存在于条带状样品和 OmanDP 样品。条带状样品和 OmanDP 样品中的斜长石牌号 An(钙长石的摩尔百分含量)分别是 14%～38%和 1%～46%(图 3-25 和附录表 S23)。

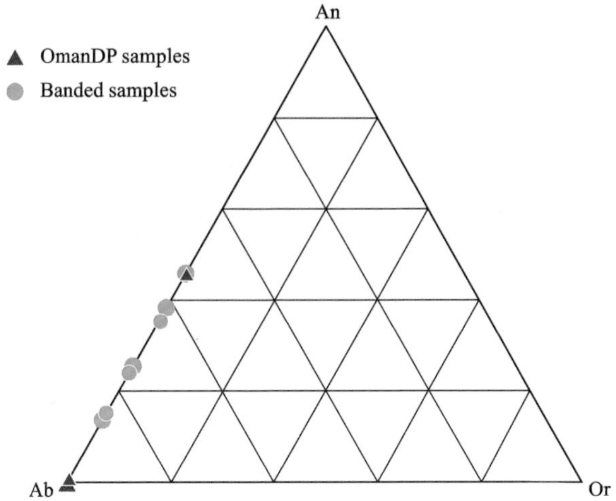

图 3-25　条带状样品和 OmanDP 样品中多固相包裹体中斜长石成分图

3.3.7　石榴子石

多固相包裹体中石榴子石很稀少。

在本书中，只分析了条带状样品中的石榴子石颗粒。结果表明，石榴石中的镁铝榴石、钙铝榴石、钙铁榴石和钙铬榴石的摩尔百分含量分别为 0～24%、13%～91%、5%～79%和 1%～42%(附录表 S24)。包裹体中石榴子石颗粒的成分比条带状样品基质中石榴子石颗粒的成分变化更大(图 3-26)。

3.3.8　榍石

多固相包裹体中的榍石出现在条带状样品中。其中主量元素成分含量 $w(TiO_2)$，$w(Al_2O_3)$和 $w(MgO)$分别为 25.32%～38.97%，0.21%～11.68%和 0～10.52%(附录表 S25)。

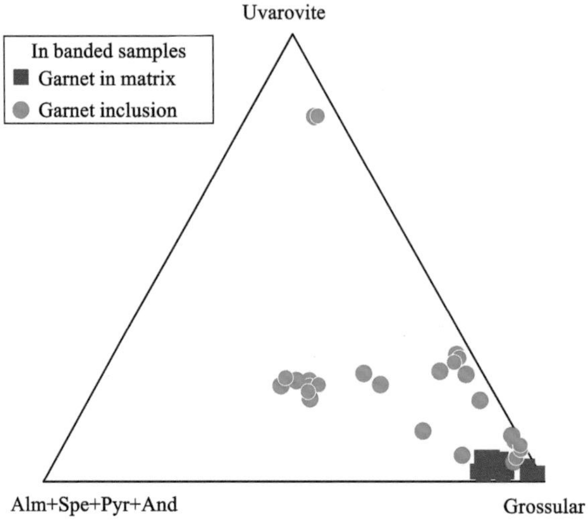

图 3-26　条带状样品中石榴子石成分三角图

3.3.9　尖晶石

多固相包裹体中的尖晶石只出现在一件 OmanDP 样品中。Cr#和 Mg# 分别为 0.16~0.26 和 0.50~0.80(附录表 S26)。

3.3.10　磷灰石

多固相包裹体中的磷灰石只出现在条带状样品中。磷灰石颗粒大小为 1~20 μm。部分颗粒与韭闪石共存，剩余颗粒与绿泥石共存。

3.3.10.1　磷灰石主量元素

使用电子探针分析了大颗粒的磷灰石。磷灰石的 Cl 和 F 百分含量分别为 0~0.94%和 0.98%~1.77%(图 3-27 和附录表 S27)。

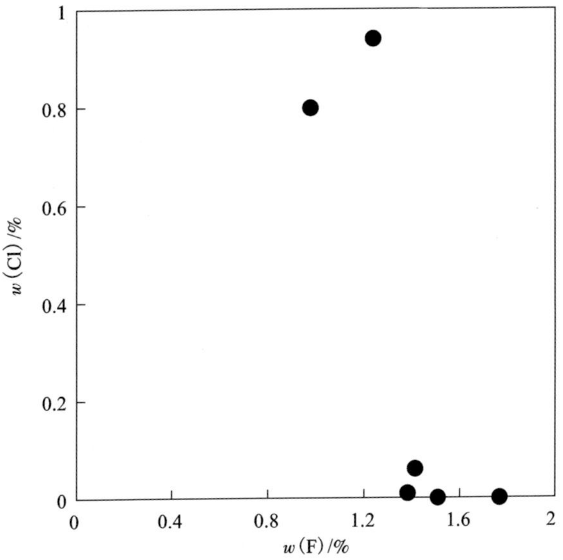

图 3-27　条带状样品中磷灰石包裹体的 F 与 Cl 的关系图

3.3.10.2　磷灰石的 U-Pb 同位素

选择两个大的磷灰石颗粒（6 个分析点）进行原位 U-Pb 同位素分析（图 3-28）。结果表明，$^{238}U/^{206}Pb$ 比值范围为 39.5±16.9～116.3±33.9（附录表 S28）。采用 Pb 同位素二阶段演化模型（Stacey 和 Kramers，1975）计算模式年龄。Ap1b-#1 的模式年龄为 130.1±55.1 Ma。其他点的结果低于检出下限。

3.3.11　蚀变矿物

在没有裂隙的多固相包裹体中很少出现滑石、蛇纹石、绿泥石。但是含裂纹包裹体中蛇纹石和绿泥石较为常见。例如，在条带状样品中，80%的蛇纹石和绿泥石存在于有裂隙的包裹体中。在本书中，本书用电子探针分析了无裂隙包裹体中的滑石、绿泥石/绿泥间蛇纹石。

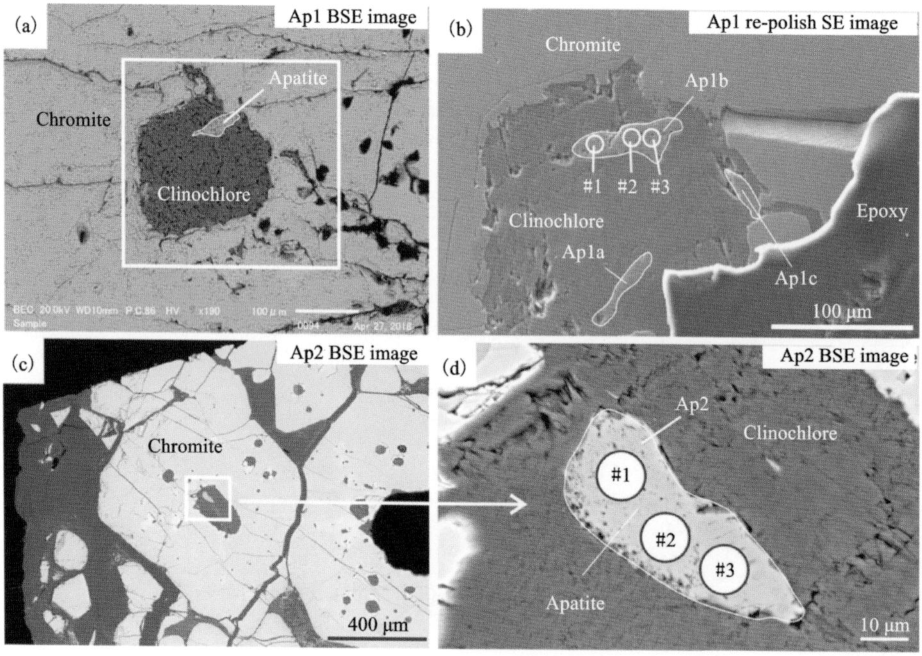

图 3-28　条带状样品中磷灰石包裹体(圆圈为纳米二次离子质谱分析点)

3.3.11.1　滑石

在条带状样品和豆荚状样品中观察到滑石颗粒。滑石中的 MgO、Al_2O_3 和 FeO 百分含量分别为 29.43%~30.77%、0.45%~1.88%和 0.37%~0.67%(附录表 S29)。

3.3.11.2　蛇纹石和绿泥石/绿泥间蛇纹石

绿泥间蛇纹石(dozyite)是介于蛇纹岩和绿泥石之间的矿物。绿泥石/绿泥间蛇纹石颗粒的主要元素成分见附录表 S30~S31。条带状样品中绿泥石/绿泥间蛇纹石颗粒的 SiO_2、MgO、Al_2O_3 和 FeO 百分含量分别为 28.13%~36.80%、27.50%~35.11%、8.37%~22.40%和 1.32%~13.24%。与此相反，豆荚状样品中的绿泥石/绿泥间蛇纹石颗粒中 Al_2O_3 含量较低(3.71%~17.08%)，FeO 含量(0.38%~1.74%)。

3.3.12 铂族元素矿物

多固相包裹体中的铂族元素矿物只在豆荚状样品中被观察到(图 3-29)。

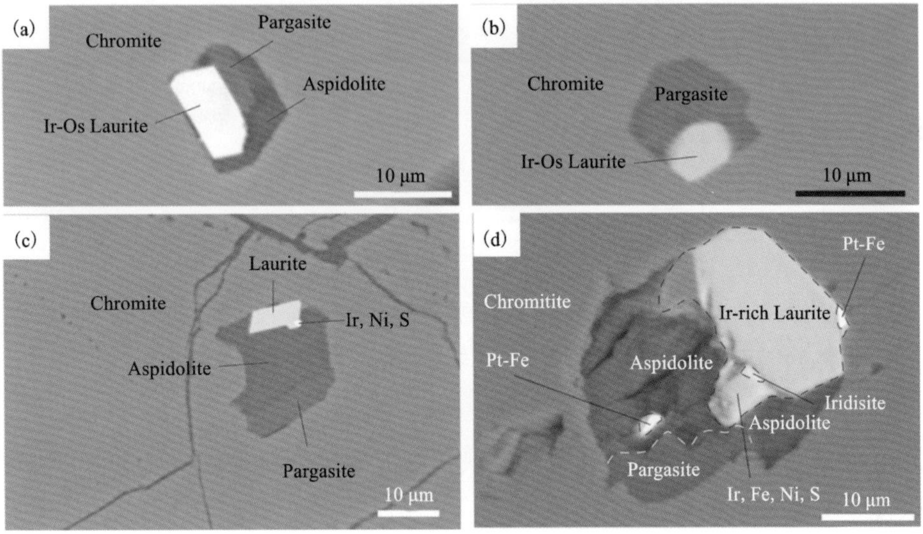

图 3-29 豆荚状样品中的多固相包裹体中的铂族元素矿物

3.4 高温均一化淬火玻璃

首先使用扫描电子显微镜观察通过 1200℃ 加热淬火实验获得的均质玻璃。大约一半的玻璃看起来均一化，但是另一半则包含细颗粒的斑点状固相(图 3-30 和附录图 S6~S7)。这些固相颗粒太小而无法分析。使用 EPMA 仅分析了直径大于 20 μm 且无斑点状固相的均质玻璃。结果表明主要元素的组成范围变化不大(附录表 S32)，其中 $w(SiO_2)$ 为 51%~56%，$w(CaO)$ 为 8%~13%，$w(MgO)$ 为 1.7%~3.3%，$w(FeO)$ 为 3%~7%。使用 SEM-EDS 分析了铬铁矿主矿物和条带状铬铁矿样品中玻璃的主要元素组成的变化(图 3-31 和附录图 S6~S7)。这些分布图表明淬火玻璃中核部成分均匀，尽管在铬铁矿主矿物和玻璃之间出现了 2~3 μm 厚的边界区域，表明其中发生了 Fe 的异常富集和 Al 亏损。

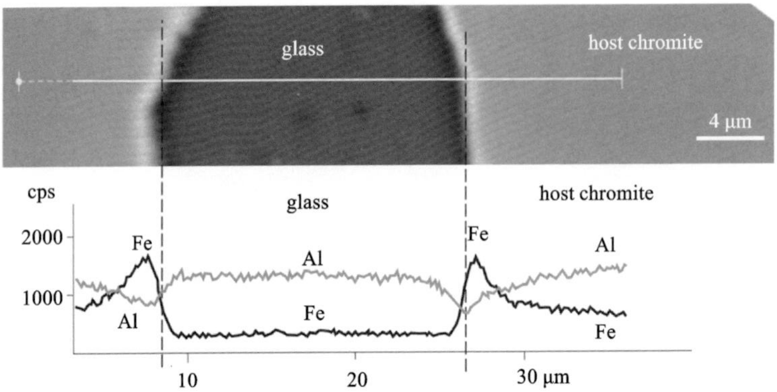

图 3-30 (上部分)高温淬火玻璃的背散射电子图像。(下部分)通过主体铬铁矿和玻璃的 Al 和 Fe *Kα* 线的 SEM-EDS 强度剖面。虚线表示淬火玻璃和铬铁矿主矿物之间的边界

在图 3-31 中，本书将在实验中获得的玻璃成分与先前在 1050~1400℃(Schiano 等，1997)和 1300℃(Borisova 等，2012)的类似的加热实验结果进行了比较。在同一图中还绘制了子矿物和铬铁矿主矿物的成分。在本书的实验中，均一化熔体的组成比 Borisova 等(2012)的 SiO_2 和 Al_2O_3 含量更高，而 MgO 和 FeO 含量更低。而 Schiano 等(1997)的实验结果在两者之间(图 3-31)。差异可能是由于本书的实验温度低于先前的研究。在较低的温度下，子矿物质的熔化可能不彻底。实际上，在 1200 ℃的高温实验后，仍保留了高 Cr#铬铁矿衬里(附录图 S7)，这意味着淬火玻璃成分不能代表铬铁矿主矿物捕获的母体熔体，而是代表捕获后析出铬铁矿后的熔体成分。根据 Schiano 等(1997)的实验，即使在较高的温度(例如 1325℃和 1360℃)下，铬铁矿似乎也不会发生溶解。显然，需要更高的温度才能获得真正的最初的母体熔体。

此外，在图 3-31(a)中，数据和先前的研究表明，淬火玻璃中的 MgO 含量非常低，但是主要的硅酸盐子矿物包含至少 18%的 MgO。Rollinson 等(2018)提出了一种新方法，通过使用 SEM 上的平均面积来计算阿曼 Maqsad 地区条带状铬铁矿的熔体包裹体的组成(不包括高 Cr#铬铁矿衬里)。在图 3-31 中绘制了他计算出的熔体包裹体的成分。

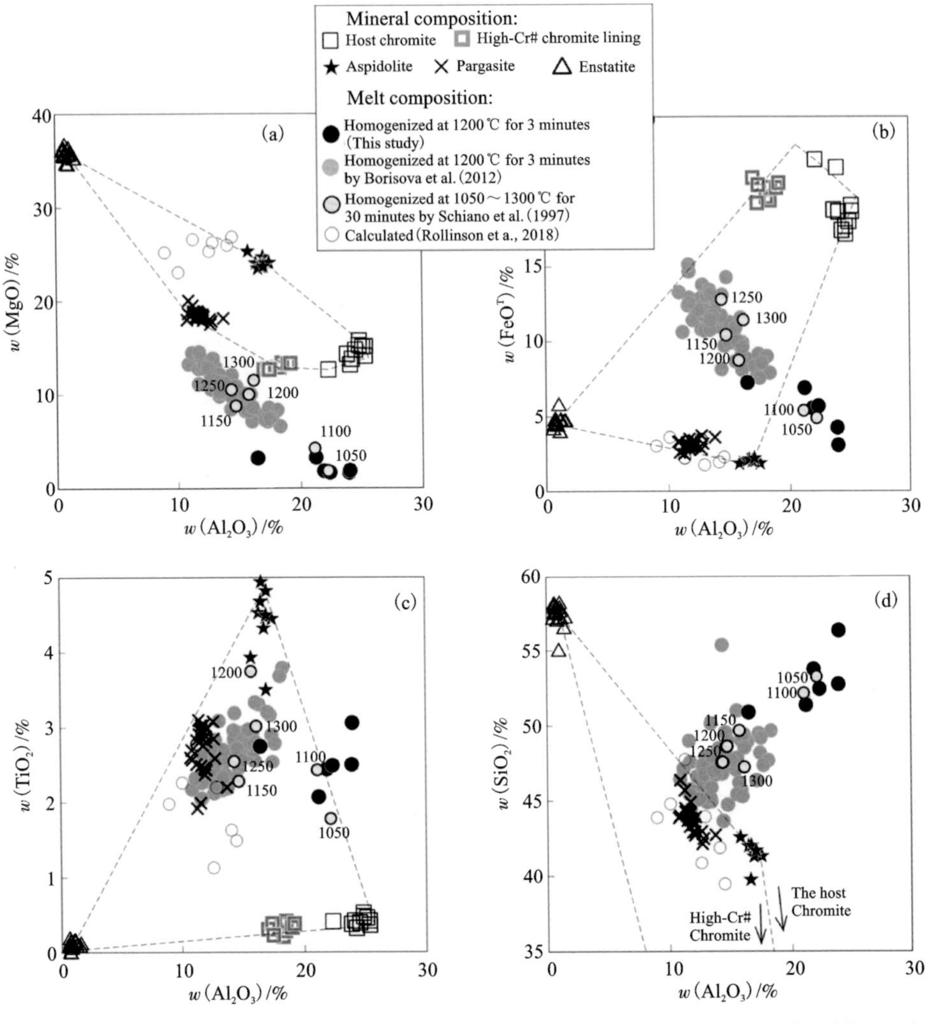

图 3-31 本书和以往研究获得的均一化熔体的主要元素氧化物成分图，与条带状样品中多包裹体子矿物的主量元素氧化物成分图进行了比较。以 FeO^T 表示的总铁。Schiano 等(1997)数据曲线图上的数字表明了实验温度。虚线连接了主要子矿物的组成。均一包裹体的成分预计在该封闭区域内。在本书的实验中获得的玻璃成分大部分是在这个区域之外。Borisova 等(2012)和 Schiano 等(1997)的研究中成分与 TiO_2、Al_2O_3 和 FeO^T 中子矿物的成分范围部分重合，但 MgO 含量较低，SiO_2 含量较高。Rollinson 等人(2018)计算的熔体成分落在封闭区域内

3.5 铬铁矿 EBSD 面扫描

通过 EBSD 对条带状样品中高 Cr#铬铁矿衬里和在豆荚状样品中高铝铬铁矿的包裹体进行了分析。结果表明，它们与它们的铬铁矿主矿物具有相同的晶体取向，如图 3-32 所示。

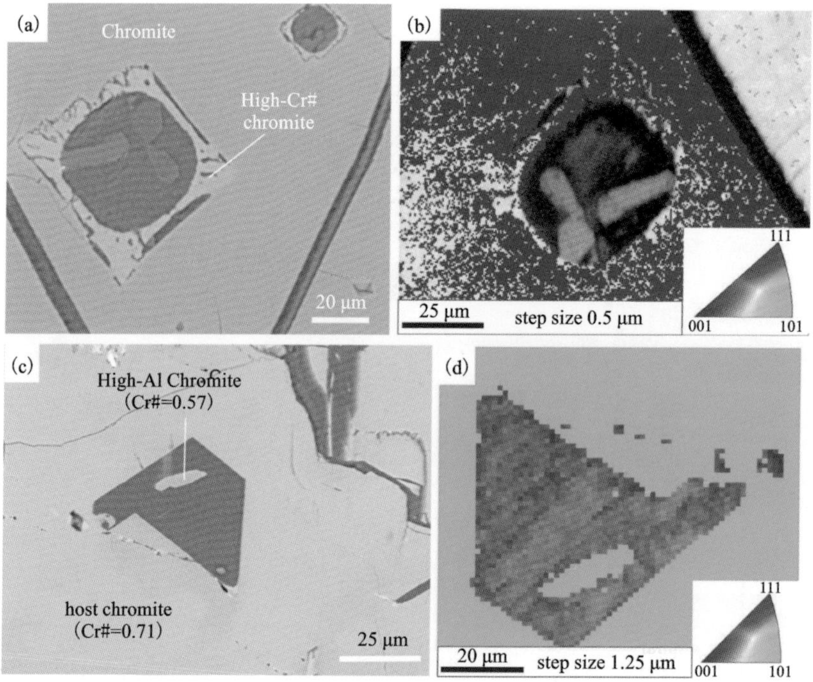

图 3-32 (a)是条带状样品中高铬铬铁矿及其铬铁矿主矿物的背散射电子图像；(b)是(a)中条带状样品中高铬铬铁矿衬里及铬铁矿主矿物的反极图；(c)是豆荚状样品中高铝铬铁矿包裹体及其铬铁矿主矿物的背散射电子图像；(d)是(c)中豆荚状样品中高铝铬铁矿包裹体及其铬铁矿主矿物的反极图

第 4 章 铬铁矿的成因

4.1 铬铁矿的生长

根据晶体生长理论，不同程度的驱动力会导致不同的生长机理，从而进一步影响晶体的形态。如果驱动力足够低(图 4-1 中的曲线 A)，则晶体生长将由螺旋生长(或位错生长)控制。当驱动力增加时(图 4-1 中的曲线 B)，由于 2D 成核生长机理，晶体将形成漏斗或骸晶形态。最后，如果驱动力进一步增加(图 4-1 中的曲线 C)，晶体将形成枝晶(Sunagawa，2007)。

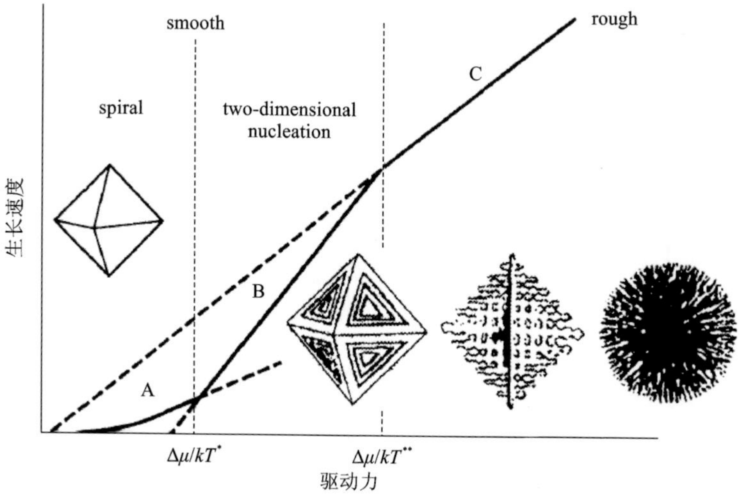

图 4-1　晶体形态的变化，生长速度与驱动力的关系图(Sunagawa，2007)

在前人研究中，富含熔体包裹体的铬铁矿快速生长并形成漏斗状晶体(Prichard 等，2015；2018)。在本书中，观察到来自条带状样品中铬铁矿的骸晶结构。结合条带状样品中包裹体的 3D 分布，铬铁矿可能是漏斗或骸晶状晶体。这表明铬铁矿的母体熔体具有高的铬铁矿结晶驱动力。

4.2 熔体包裹体被捕获后的演化

通常流体包裹体可根据其来源分为三类：原生包裹体、次生包裹体和假次生包裹体(Roedder，1984)。由于熔体是一种特殊的流体，因此该分类标准也可用于熔体包裹体的来源。实际上，大多数原生包裹体可以通过一些特征来识别(Roedder，1984)。一般而言，熔体包裹体被限制在生长的晶体中，同时保持了母体熔体的特征，因此原生和假次生熔体包裹体都可以被认为是“原生”(Cannatelli 等，2016)，而次生包裹体分布在整个主矿物晶体中，并且被认为在主晶体生长后被捕获(图 4-2)(Goldstein 等，2003)。

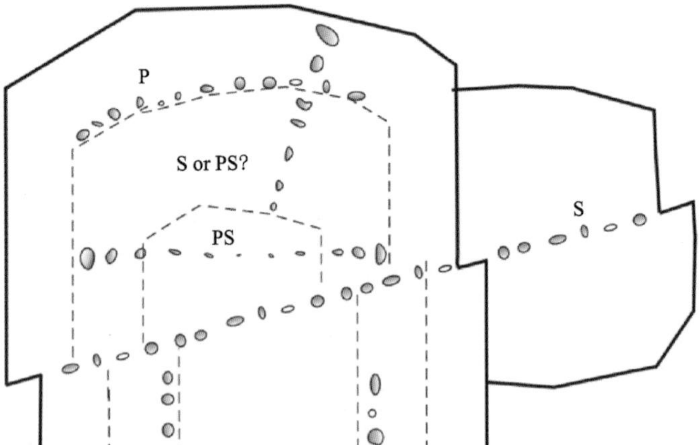

图 4-2 包裹体的来源分类(Goldstein 等，2003)

P 和 PS 分别为原生包裹体和假次生包裹体，S 为次生包裹体

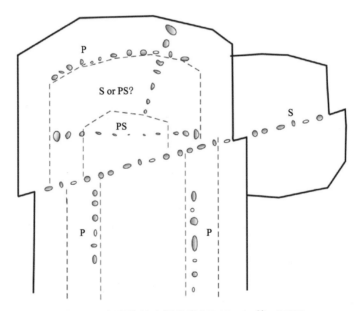

在前人研究中，许多研究人员提出了一些识别原生包裹体的原理：根据包裹体的形态、分布和组成特征（Roedder，1984；Rollinson 等，2018；Schiano 等，1997）。基于这些特征，本书认为铬铁矿中的大多数包裹体是原生熔体包裹体。

铬铁矿晶体捕获包裹体的具体机制仍然知之甚少。阻止晶体顺利生长的过程可能导致原生包裹体的捕获（Roedder，1979；1984）。Prichard 等（2018）提出硅酸盐熔体可能被“漏斗状”铬铁矿晶体随着生长的凹腔“卡脖子”而捕获。此外，在铬铁矿过饱和岩浆中，铬铁矿显示出早期快速的骨架状晶体生长，后来发展为漏斗状晶体，而熔体被捕获在晶体内（Prichard 等，2015）。基于本书中包裹体的 3D 图像（图 3-6），本书设想了类似的模型，认为铬铁矿在快速生长过程中捕获了熔融包裹体（图 4-3）。

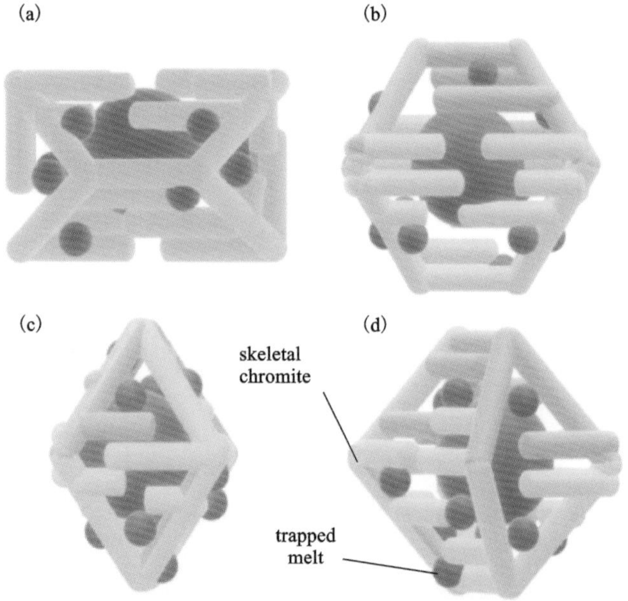

图 4-3　捕获主要包裹体的可能机制（据 Prichard 等修改，2018）

由于熔体过饱和，晶体以骸晶状生长，为捕获熔体提供了空间

根据对 SEM 和 HRXCT 的观察，本书在图 4-4 中提出了捕获铬铁矿原生包裹体的机理。对于快速生长的铬铁矿，很容易捕获熔体以形成大量熔体包裹体，例如来自条带状样品的骸晶状晶体[图 4-4（a～b）]。但是，如果晶体生长

足够缓慢，除非固体包裹体引起捕获，否则熔融包裹体很少见[图 4-4(c)]。结合熔体包裹体的形成，铬铁矿的生长速率/机理可以控制熔体包裹体的捕获。本书认为由于生长速率/机制不同，MTZ 样品(条带状样品和 OmanDP 样品)和地幔豆荚状样品的铬铁矿具有不同的捕获机制。从熔体包裹体的数量和铬铁矿的形貌来看，MTZ 样品中的铬铁矿的生长速度可能很快。

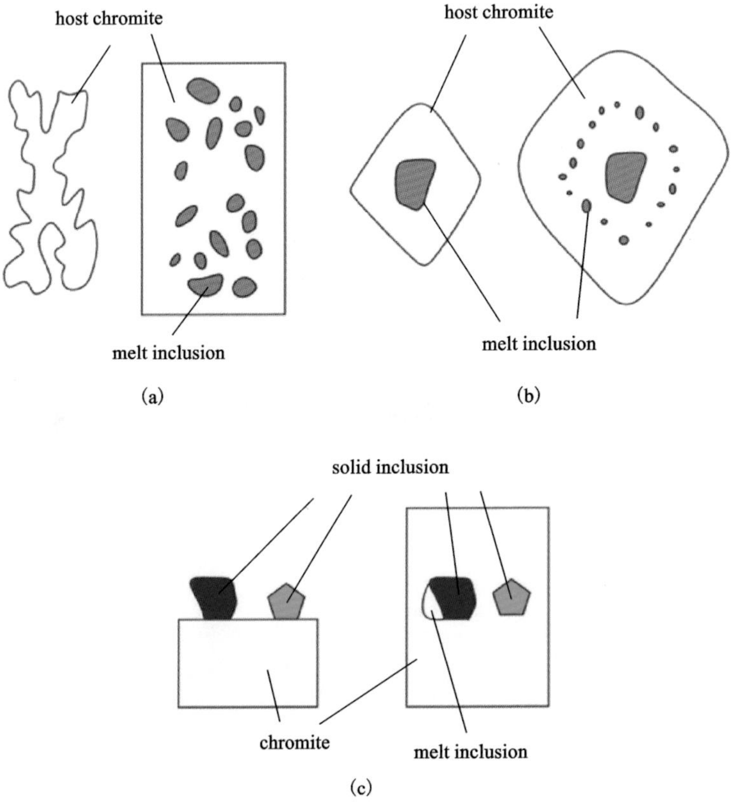

图 4-4　铬铁矿捕获原生包裹体的可能机制(修改自 Roedder，1979)

(a)、(b)由于熔体过饱和，开始成核，晶体迅速长成枝晶或骸晶，此时熔体可能被铬铁矿捕获；(c)正在生长的铬铁矿表面上的 PGE 矿物或橄榄石可能会导致熔体被捕获

被捕获后，熔体包裹体内可能发生各种物理和化学变化(Roedder，1984)。大量实验表明，加热过程中包裹体的形状从不规则状演变为规则形状(Bodnar 等，2003；Esposito 等，2012)。由于较低的表面能，规则形状(即负晶形)代表

最稳定的形状(Van Den Kerkhof 等, 2001)。在本书中, 本书着重讨论熔体包裹体中可能发生的最重要的变化, 即内壁上的铬铁矿过度生长以及捕获后熔体包裹体的“卡脖子”现象。

在某些包裹体中, 子矿物突出进入铬铁矿主矿物[图 3-8(a)、(f)]或高 Cr#铬铁矿衬层[图 3-8(b)~(d)]。这种现象可以解释为在内壁上的铬铁矿的过度生长(图 4-5), 尽管铬铁矿的过度生长难以识别(Roedder, 1984)。在某些特定情况下, 生长的部分可以通过成分梯度来识别。例如, 橄榄石中熔融包裹体的边缘可能存在一个 Fo(镁橄榄石)带和 NiO 含量渐变的区域(Ryabchikov 等, 2009)。在本书的样品中, 高 Cr#铬铁矿衬里可能代表铬铁矿的过度生长(Mollo 等, 2017)。

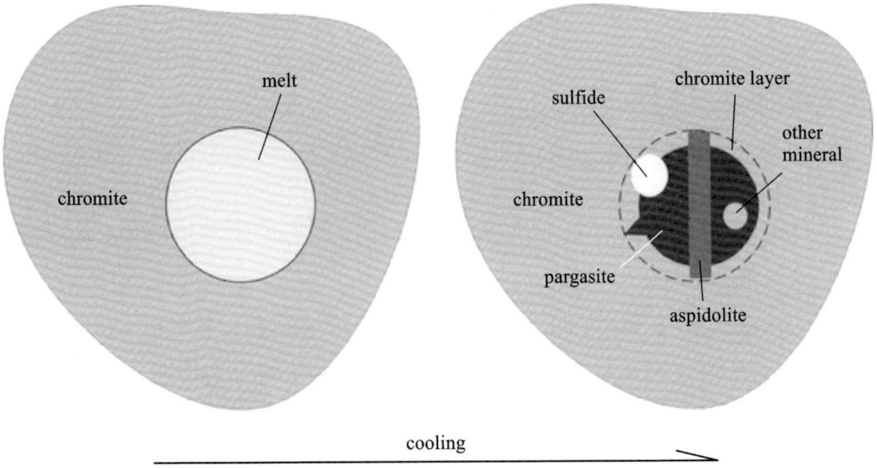

图 4-5　包裹体内壁上的铬铁矿过度生长

硫化物是不混溶相。在铬铁矿衬里形成之前, 韭闪石和绿金云母在壁上成核。虚线表示铬铁矿和捕获的熔体之间的初始边界, 通常不可见。修改自 Roedder(1984)

条带状铬铁矿样品的 SEM 数据表明, 包裹体直径大于 30μm 的情况很少有高 Cr#铬铁矿衬层(图 3-10)。本书尝试使用球体的冷却速率的数学公式解释其原因。结果表明, 冷却速度与面积/体积之比成正比(Planinšič等, 2008)。根据牛顿冷却定律, 热球在冷却时损失的能量为

$$dQ = m \cdot C \cdot dT \tag{1}$$

Q 为热通量, m 为质量, C 为热比容, T 为温度, 基于傅立叶热定律, 热的

功率为

$$P = -K \cdot A \cdot (T_t - T_0) \tag{2}$$

P 为热功率，K 包括了所有的冷却常数，A 为表面积，T_t 和 T_0 分别为最终温度和最初温度。热量通过热对流、热传导和热辐射传播，因此热流失功率为

$$P = \frac{dQ}{dt} = m \cdot C \cdot \frac{dT}{dt} = \rho \cdot V \cdot C \cdot \frac{dT}{dt} = -K \cdot A \cdot (T_t - T_0) = -K \cdot A \cdot \Delta T \tag{3}$$

其中：t 为时间，ρ 熔体的密度，V 为熔体的体积(Planinšič等，2008)

$$\frac{dT}{dt} = \frac{-KA\Delta T}{\rho VC} \tag{4}$$

其中 $A = 4\pi r^2$，$V = 4\pi r^3/3$，

$$\frac{dT}{dt} = \frac{-3K\Delta T}{\rho C}\frac{1}{r} \tag{5}$$

其中 K、C 和 ρ 为常数，

$$\frac{dT}{dt} \propto \frac{1}{r} \tag{6}$$

这意味着对于组成相同，初始和最终温度相同的两个球形熔体，冷却速率与半径成反比。

Roeder 等(2001)提出，对于 MORB 熔岩中的铬铁矿，某些高 Cr#区域是由于过冷和 Cr 从熔体向生长晶体的补给速率变化而导致的生长速率变化而引起的。作者得出的结论是，熔岩中铬铁矿颗粒的蠕虫状结构和其他文象结构是生长纹理，而不是反应纹理。受蚀变影响的铬铁矿晶粒通常具有较高的 Fe^{3+} 含量。附录表 S16~S18 表明，所研究的铬铁矿衬层具有正常的 Fe^{3+}值，并且这些高 Cr#的衬里不太可能由于含水量的变化而变化。

在大多数氧化物矿物中，晶体生长界面是光滑的，并且晶体表现出不连续的生长，因此层的生长受二维成核和晶体位错的控制(图 4-6)(Frank，1952；Stefanescu，2015；Sunagawa，2007；Vesselinov，2016)。在过冷度低的情况下，晶体的生长受位错生长机制的控制。因此，铬铁矿在包裹体壁上的生长条纹表明某些熔融包裹体反映出过冷度较低(Vesselinov，2016)。相反，铬铁矿的 2D 成核生长表明捕获的熔体具有非常强的结晶驱动力。

基于以上推理，本书认为高 Cr#铬铁矿衬里反映出由于高过冷度而导致的

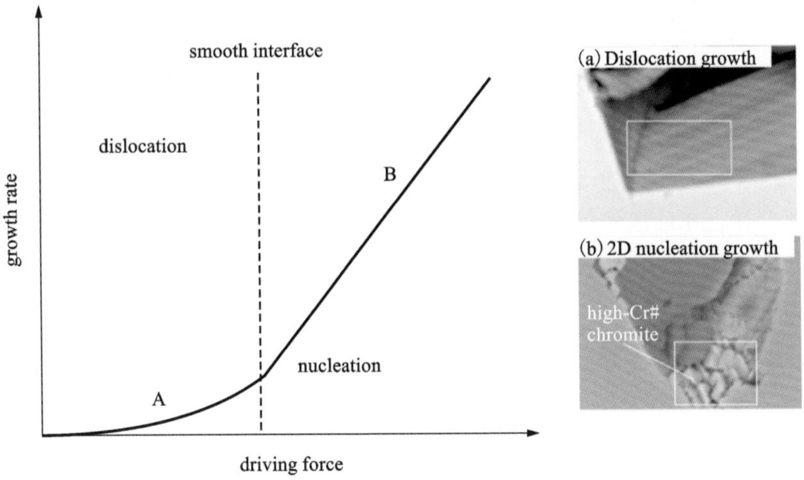

图 4-6 平滑界面的增长率

曲线 A 表示位错生长，而曲线 B 表示 2D 成核生长[据 Sunagawa(2007)和 Stefanescu(2015)修改]。背散射电子图像中的白色正方形显示了每种生长类型的例子。(a)没有高 Cr#铬铁矿衬里的位错生长。(b)高 Cr#铬铁矿衬里的 2D 成核生长

快速生长。在将熔体捕获在铬铁矿主矿物中之后，铬铁矿继续在包裹体壁上生长。在较大的包裹体中，由于具有较小的晶体生长驱动力，铬铁矿在层与层之间的位错上缓慢生长(Sunagawa，2007)。当晶体充分缓慢地生长时，结晶接近平衡。在这种情况下，内部衬里将具有与铬铁矿主矿物相同的成分，在这种情况下，铬铁矿衬里将不可见。该平衡过程对应于图 4-6 中曲线 A 所示的增长率。在较小的包裹体中，随着晶体生长的驱动力增大，铬铁矿衬里通过二维成核而生长(Sunagawa，2007)，对应于图 4-6 中的曲线 B。熔体被捕获后，铬铁矿继续在包裹体壁上快速生长。如此快速的不平衡生长反映了快速结晶过程，晶体的生长速率超过了化学元素通过扩散在熔体和/或周围的铬铁矿主体之间达到平衡的能力(Mollo 等，2017)。随着晶体快速增长，可以假设化学元素在固体中几乎不发生扩散，仅在液体中发生扩散混合。当铬铁矿开始以薄层的形式生长时，会在界面处形成扩散边界层。由于溶质的重新分布，边界层中的 Si 浓度变得比熔体中的 Si 浓度高，这可能导致了绿金云母的结晶。在绿金云母结晶期间，边界层中的 Al 浓度进一步降低，并且变得比远离界面的熔体中的 Al 低。这要求铬铁矿衬里使用更多的 Cr，从而导致高 Cr#(图 4-7)。因此，高

Cr#铬铁矿衬里和绿金云母的不平衡结晶将引起独特的结构[图3-8(b)~(d)]。

熔体包裹体的另一个可能的重要形态变化可能是“卡脖子”现象。据报道，各种系统中的流体包裹体均出现“卡脖子”现象(Goldstein，2001；Ramboz 等，1982；Roedder，1971)。但是，很少有熔体包裹体“卡脖子”的报道(Acosta-Vigil 等，2007)。如果在子矿物沉淀之前包裹体发生“卡脖子”，则子包裹体之间不应出现差异，并且包裹体应具有相同的成分。但是，子矿物在“卡脖子”完成之前仅开始局部(或非均质)沉淀，包裹体会在子矿物、成分以及熔融温度方面发生差异(图4-8)。

如图3-8所示，各个子矿物的比例在多固相包裹体之间是可变的。例如，在图3-8(a)中，子矿物主要是透辉石和绿金云母，而在图3-8(b)中，绿金云母和高Cr#铬铁矿衬里是子矿物。除了均质玻璃的不同组成和均质温度不同之外，这些结果还表明，包裹体组成的异质性可能反映了上述的“卡脖子”效应。可能只有那些未经历“卡脖子”的多固相包裹体才能记录原始熔体的组成。这样的包裹体可能位于铬铁矿主矿物的中心且独立存在。

Kamenetsky(1996)认为，由于熔融包裹体中的Cr含量较低，因此对捕获后的熔体未有任何改变。但是，低的Cr含量可能是包裹体壁上铬铁矿大量结晶的结果。相比之下，在本书中，高Cr#铬铁矿衬里的存在暗示了捕获后成分的显著的改变。在图3-8(b)和3-8(d)中，高Cr#衬里的面积为整个包裹体面积的32%至46%。假设子矿物的横截面面积代表整个熔体包裹体的成分(Rollinson 等，2018)，则整个熔体成分必须确定包括高Cr#铬铁矿衬里在内。在这种情况下，原始熔体中的Cr_2O_3含量一定会高于不包括高Cr#铬铁矿衬里的含量。

4.3 熔体包裹体的成分

图3-37表明，本书中获得的均质熔体的成分均位于子矿物质定义的成分范围之外。乍一看这很奇怪，因为多固相包裹体是由子矿物组成的。本书提出了一种解决这种差异的可能性，假设在本书的加热实验中子母矿物的不均匀熔化会产生分馏的熔体。例如，顽火辉石熔融不均匀会产生富含二氧化硅的熔体和残留的橄榄石。如果是这种情况，则应该有残留相，例如橄榄石，以弥补成

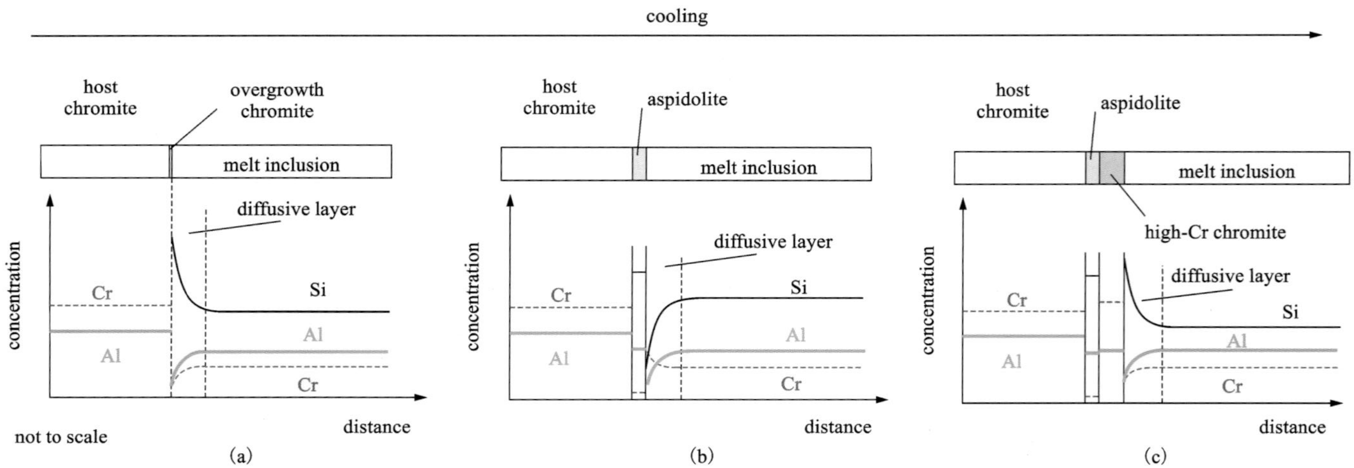

图4-7 包裹体周围高Cr#铬铁矿衬里形成模型

(a) 随着铬铁矿在包裹体壁上继续结晶，在固液界面形成扩散层。与远离界面的熔体相比，该层具有更高的Si，更低的Cr和Al含量，从而导致了绿金云母的过饱和；(b) 当绿金云母开始生长时，它会消耗铝，并且与原始熔体相比，与绿金云母相邻的熔体中的铝会减少；(c) 由于熔体中Al含量低，在包裹体内壁上结晶的铬铁矿更加富集铬，因此会在包裹体的内壁上形成了高Cr#铬铁矿衬里

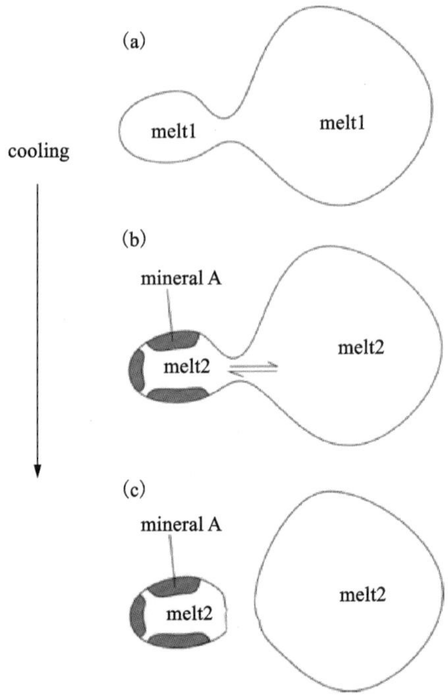

图 4-8　简化模型显示了熔体包裹体的“卡脖子”现象的过程

(a)最初，熔体包裹体的成分(熔体 1)是均匀的；(b)如果矿物 A 在卡脖子完成之前开始在较小的部分内结晶，则残留的熔体(熔体 2)组成发生变化；(c)“卡脖子”完成后，两种包裹体的成分会有所不同

分差异。在加热的样品中观察到的“斑点状相”很有可能是橄榄石(附录图 S7)，但这需要在将来通过使用更高分辨率的微区分析来确认。

Li 等(2005)和 Rollinson 等(2018)通过使用薄片中子矿物的面积和元素的组成来计算熔体包裹体的组成。但是，他们的计算结果不包括高 Cr#铬铁矿衬里。如上所述，高 Cr#铬铁矿衬里是熔体包裹体的一部分。因此，本书建议计算应包括高 Cr#铬铁矿衬里。

改进的计算方法如下：(1)选择条带状样品中的负晶形状和圆形的包裹体，并包含高 Cr#衬里杂质(图 4-9)。(2)然后，本书用 SEM 图像测量了所有子矿物的面积，包括高 Cr#衬里。(3a)对于负晶形状的包裹体，本书假设整个包裹体为八面体，并且子矿物预期高 Cr#衬里为球形。假设本书看到的截面是球体的最大截面。然后使用该面积获得其体积的等效圆直径。接下来，本书使用边缘长度来计算八面体的体积。最后，可以得到高 Cr#铬铁矿衬里的体积。(3b)对于圆形包裹体，唯一的不同是整个包裹体体积的计算。本书假设整个包裹体是一个球体，并使用整个包裹体的面积来获得其体积的等效圆直径。(4)使用数据库中的每种矿物的密度(Howie 等，1992)来获得其重量百分比(表 4-1)，然后使用条带状样品中每种矿物的平均成分。(5)最后，计算了条带状样品中熔体包裹体的平均成分(表 4-2)。

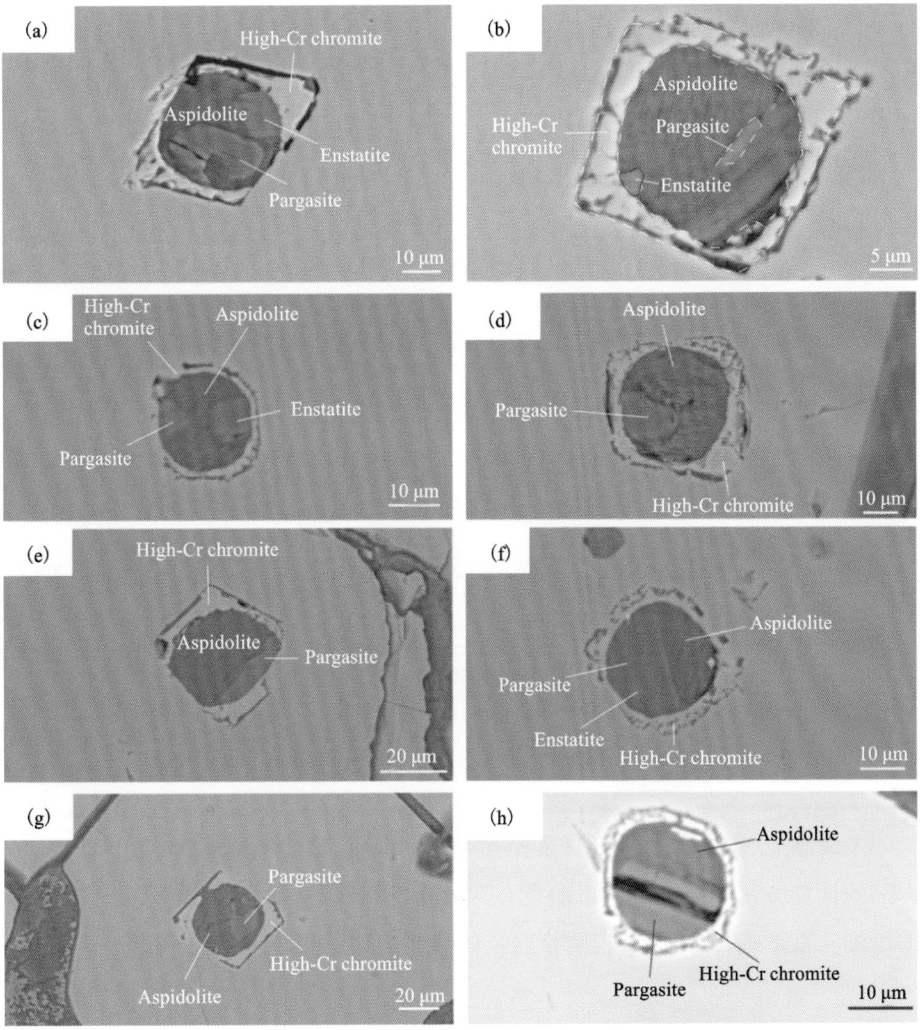

图 4-9　用来计算的条带状样品中有代表性熔融包裹体

表 4-1 熔融包裹体中各子矿物的重量百分含量(%)

熔体包裹体	绿金云母	韭闪石	铬铁矿衬里	顽火辉石	总计
a	44	7	20	29	100
b	78	0	22	0	100
c	60	4	25	10	99
d	72	10	17	0	99
e	86	12	2	0	100
f	38	45	16	1	100
g	79	10	11	0	100
h	42	42	16	0	100
平均	62	16	16	5	99

表 4-2 熔融包裹体的平均成分(%)

	SiO_2	TiO_2	Al_2O_3	Cr_2O_3	FeO	MgO	CaO	Na_2O	K_2O	Total
Borisova(2012)[1]	47.3	2.6	14.2	1.8	11.0	10.5	7.6	3.0	0.2	98.2
Rollinson(2018)[2]	43.2	1.9	12.0	2.9	2.6	25.6	3.9	2.7	0.5	95.3
不含衬里[3]	42.3	3.6	14.9	2.1	2.4	23.0	2.5	4.5	1.0	96.3
含衬里[4]	35.5	3.1	15.4	9.4	5.2	21.4	2.1	3.8	0.9	96.8

[1] Borisova 等(2012)分析了高温均一化熔体包裹体成分。

[2] Rollinson 等(2018)使用了子矿物面积来计算包裹体成分。

[3,4] 本书分别计算了包含高 Cr 铬铁矿衬里和不含衬里的包裹体成分。

不含高 Cr 铬铁矿衬里的计算结果与 Rollinson 等(2018)的结果相似，表明本书的计算方法是可靠的。添加高 Cr 铬铁矿衬里后，主要区别在于 Cr_2O_3 含量的增加。如此高的 Cr 含量表明铬铁矿的母体熔体是过饱和的铬铁矿。

4.4　铬铁矿的亲本熔体的成分特征

铬尖晶石的主要元素组成可以用作成岩指示剂，以研究其母体熔体的特征(Dick 等，1984；González-Jiménez 等，2011；Irvine，1965，1967；Melcher 等，1997；Pagé 等，2009；Rollinson，2008；Uysal 等，2007；Zaccarini 等，2011；Zhou 等，1996)。实验(Maurel 等，1982)和天然样品研究(Rollinson，2008；Zaccarini 等，2011)表明，母本熔体和尖晶石中 Al_2O_3、TiO_2 含量和 FeO/MgO 的含量显着关系。在这项研究中，本书使用以下方程式：

$$w(Al_2O_3)_{spinel}=0.035\ w(Al_2O_3)_{melt}^{2.42}\text{(Maurel 等，1982)} \tag{7}$$

$$w(TiO_2)_{melt}=1.5907\ w(TiO_2)_{MORB\ spinel}^{0.6322}\text{(Rollinson，2008)} \tag{8a}$$

$$w(TiO_2)_{melt}=1.0963\ w(TiO_2)_{Arc\ spinel}^{0.7863}\text{(Rollinson，2008)} \tag{8b}$$

$$\ln(FeO/MgO)_{spinel}=0.471.07\ Al\#_{spinel}+0.64\ Fe^{3+}\#_{spinel}+\ln(FeO/MgO)_{melt}\quad\text{(Maurel 等，1982)} \tag{9}$$

和 $Al\#_{spinel}=Al/(Al+Cr+Fe^{3+})$，$Fe^{3+}\#_{spinel}=Fe^{3+}/(Al+Cr+Fe^{3+})$.

所有数据示于图 4-10 和附录表 S33～S35 中。条带状样品的推算出其母体熔体的 Al_2O_3，TiO_2 含量和 FeO/MgO 为 14.3%～15.2%(平均 15.0%)，0.8%～1.1%(平均 0.9%)，1.0～1.6(平均值 1.3)。对于 OmanDP 样品和豆荚状样品，它们分别为 14.3%～15.6%(平均 15.1%)，0.3%～1.1%(平均 0.5%)，0.9～1.4(平均 1.0)和 11.0%～12.5%(平均 11.9%)，0.0～0.3%(平均 0.2%)，0.9～1.2(平均 1.0)。

与条带状样品(平均含量为 15.0%)和 OmanDP 样品(平均含量为 15.1%)平衡时，熔体的 Al_2O_3 含量计算值类似于 MORB 和弧后玄武岩(Barnes 等，2001；Kamenetsky 等，2001)。但是，对于计算出的与豆荚状样品处于平衡状态的熔体，Al_2O_3 的含量可与玻安岩熔体相当(Barnes 等，2001；Kamenetsky 等，2001)。

另一方面，与条带状样品、OmanDP 样品和豆荚状样品平衡的熔体中 TiO_2 含量的计算值显示出逐渐降低的趋势。条带状样品母体熔体显示出类似 MORB 的特征，而豆荚状样品显示出典型的类似玻安岩的特征，而 OmanDP 样品介于它们之间。

在 Al_2O_3-TiO_2 图中[图 4-10(a)]，所有豆荚状样品和大多数 OmanDP 样品位于玻安岩区域，而条带状试样位于 MORB 区域。此外，在 $w(Al_2O_3)$-$w(FeO)/w(MgO)$图[图 4-10(b)]中，条带状样品和 OmanDP 样品位于 MORB 区域，而豆荚状样品位于玻安岩区域。基于以上所述，计算得到的与条带状样品处于平衡状态的熔体为 MORB 状熔体，而豆荚状样表明平衡的熔体为玻安岩状熔体，而 OmanDP 样品位于它们之间。

4.5 MTZ 铬铁矿的冷却速度

Borisova 等(2012)使用 Béjina 等(2009)和 Ganguly 等(1994)的扩散模型通过铬铁矿包裹体元素剖面估算了铬铁矿的冷却速率。Borisova 等(2012)的冷却速率计算结果表明铬铁矿具有快速的冷却速度(0.003~0.28℃/年)。本书使用了 Borisova 等(2012)所述的相同方法来评估阿曼 MTZ 铬铁矿的冷却速率。

对于高 Cr#铬铁矿衬里和铬铁矿主矿物，冷却速率 s 可描述为：

$$s = 4[D_{(T_0)} RT_0^2]/(Ex_c^2) \quad (10)$$

其中 $D_{(T_0)}$ 是温度为 T_0 时的 Cr-Al 扩散系数，R 是理想气体常数，E 为固定压力时的活化能，x_c 为扩散特征距离，

$$x_c = 2(Dt)^{0.5} = 0.564\Delta X \quad (11)$$

其中 ΔX 是渐近线到剖面尾部的交点与交换矿物界面附近 S 形曲线的切线之间的距离(Béjina 等，2009；Borisova 等，2012)。在冷却速率方程式(10)中，如果本书假设相同的初始温度和压力，则 x_c 是唯一的元素分布函数，它得出的冷却速率 s 与 ΔX^{-2} 成正比。在这种情况下，冷却速度与 ΔX^2 成反比。在 OmanDP 样品中，对于任何尺寸的包裹体，ΔX 约为 2~4 μm。但是，在条带状样品中，大包裹体(直径为 100~200 μm)的 ΔX 为 10~25 μm，而较小包裹体(直径为 25~50 μm)的 ΔX 为 3~7 μm(图 3-21 和附录图 S4~S5)。这表明 OmanDP 样品的冷却速度比条带状样品要快。此外，在条带状样品中，大包裹体的冷却速率低于小包裹体。

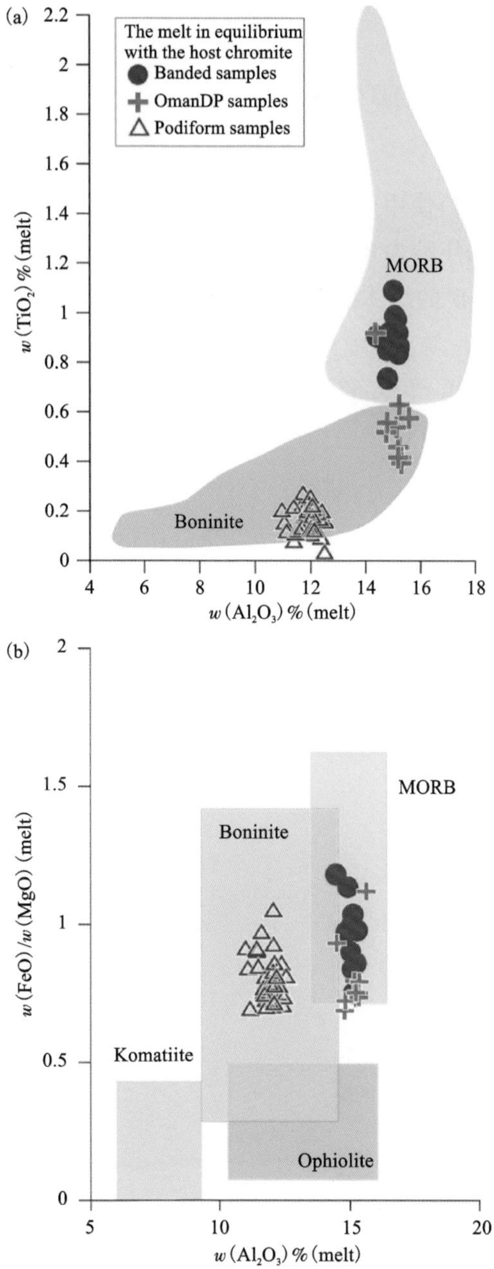

图 4-10 (a)计算出的不同样品在平衡状态下熔体的 $w(Al_2O_3)$-$w(TiO_2)$含量图。根据 Pagé 和 Barnes(2009)。(b)在不同样品的平衡状态下计算得出的熔体的 $w(Al_2O_3)$-$w(FeO)/w(MgO)$曲线。科马提岩、蛇绿岩、玻安岩和 MORB 的边界来自 Barnes 和 Roeder(2001)

4.6 铬铁矿的年龄限制

Robinson 等(2015)使用重矿物分离手段从阿曼铬铁矿中分离锆石并测年，测年结果显示锆石的年龄为 84.3 Ma 至 1411 Ma。他们认为这些锆石来自俯冲板片，并被形成铬铁矿的熔体捕获。阿曼蛇绿岩中辉长岩中锆石的 U-Pb 年龄约为 93~96 Ma(Rioux 等，2012；2013)。在这项研究中，原位磷灰石 U-Pb 测年的结果，尤其是$^{204}Pb/^{206}Pb$的低比值，暗示磷灰石包裹体的年龄很年轻。磷灰石颗粒的模式年龄为 130.1±55.1 Ma。结合铬铁矿的冷却速度，磷灰石会在被捕获熔融包裹体中结晶，并很快达到封闭温度。本书认为磷灰石的年龄可以代表铬铁矿的年龄，这表明条带状样品的年龄还很年轻。

第5章 结 论

本书试图使用铬铁矿中的包裹体来限制铬铁矿的成因。正如在3D HRXCT图像中观察到的显示包裹体的空间分布一样，骸晶的快速生长提供了空隙来捕获熔融包裹体。捕获熔融包裹体后，铬铁矿继续在包裹体的内壁上生长。这种过度生长可能表现为高Cr#铬铁矿衬里。以前对铬铁矿中包裹体的许多研究都忽略了衬里形成的影响。在本书中已经计算出熔体包裹体的初始Cr含量。结果表明铬含量比以前估计的要高得多，这表明铬铁矿的母体熔体可能已经高度富集了Cr，且铬铁矿过饱和。此外，具有骸晶形态的铬铁矿中包裹体的3D分布表明，包裹体的形成取决于铬铁矿母体熔体的冷却速率，这意味着铬铁矿的母体熔体在MTZ中迅速冷却。原位U-Pb同位素磷灰石包裹体定年的结果表明，磷灰石还很年轻。考虑到MTZ铬铁矿的快速冷却，可以使用磷灰石的年龄来限制铬铁矿的年龄。

HRXCT和SEM图像，以及原位U-Pb同位素磷灰石测年，揭示了有关阿曼蛇绿岩中铬铁矿中多固相包裹体起源的一些新发现：(1)铬铁矿母体熔体的冷却速率可能控制了其生长机理、铬铁矿的晶体形态和包裹体的捕获机理。OmanDP样品冷却最快，其次是条带状样品和豆荚状样品；(2)多固相包裹体中的铬铁矿衬里是从捕获的熔体中结晶出来的过度生长的铬铁矿，如某些子矿物向铬铁矿或铬铁矿衬里的穿插所表明的那样；(3)小包裹体的组成多样性可能是由于原来大的包裹体在漏斗状，快速结晶的铬铁矿晶粒内“卡脖子”的影响所致；(4)铬铁矿母体熔体的初始Cr含量可能比以前估计的要高得多。(5)磷灰石包裹体的年龄表明条带状铬铁矿样品与蛇绿岩有关。

阿曼豆荚状铬铁矿成因的限制如下：铬铁矿的母体熔体是铬铁矿过饱和

的。同时，铬铁矿母体熔体的冷却速度可以控制铬铁矿的生长机制和包裹体的捕获机制。对于 MTZ 铬铁矿的成因，熔体包裹体的制约因素是快速冷却，过饱和的铬铁矿母体熔体和较为年轻的形成年龄，MTZ 铬铁矿或其母体熔体快速冷却的原因需要进一步讨论。相反，地幔部分中的铬铁矿的冷却速度较慢。

参考文献

[1] 刘全文，沙景华，闫晶晶，等．中国铬资源供应风险评价与对策研究[J]．资源科学，2018，40(03)：516-525.

[2] ABILY B，CEULENEER G. The dunitic mantle-crust transition zone in the Oman ophiolite：Residue of melt-rock interaction，cumulates from high-MgO melts，or both? [J]. Geology，2013，41(1)：67-70.

[3] ACOSTA-VIGIL A，CESARE B，LONDON D，et al. Microstructures and composition of melt inclusions in a crustal anatectic environment，represented by metapelitic enclaves within El Hoyazo dacites，SE Spain[J]. Chemical Geology，2007，237(3)：450-465. DOI：https：//doi. org/10. 1016/j. chemgeo. 2006. 07. 014.

[4] AHMED A，ARAI S. Unexpectedly high-PGE chromitite from the deeper mantle section of the northern Oman ophiolite and its tectonic implications[J]. Contributions to Mineralogy and Petrology，2002，143(3)：263-278. DOI：10. 1007/s00410-002-0347-8.

[5] AKMAZ R M，UYSAL I，SAKA S. Compositional variations of chromite and solid inclusions in ophiolitic chromitites from the southeastern Turkey：Implications for chromitite genesis[J]. Ore Geology Reviews，2014，58：208-224. DOI：10. 1016/j. oregeorev. 2013. 11. 007.

[6] ALLAN J F，SACK R O，BATIZA R. Cr-rich spinels as petrogenetic indicators；MORB-type lavas from the lamont seamount chain，Eastern Pacific[J]. American Mineralogist，1988，73(7-8)：741-753.

[7] ARAI S. Origin of podiform chromitites[J]. Journal of Asian Earth Sciences，1997，15(2)：303-310. DOI：10. 1016/S0743-9547(97)00015-9.

[8] ARAI S，AHMED A H. Chapter 5-secular change of chromite concentration processes from the archean to the phanerozoic[M]. MONDAL S K，GRIFFIN W L//Processes and ore

deposits of ultramafic–mafic magmas through space and time. Elsevier: 2018: 139–157.

[9] ARAI S, MIURA M. Formation and modification of chromitites in the mantle[J]. Lithos, 2016, 264: 277–295. DOI: 10.1016/j.lithos.2016.08.039.

[10] ARAI S, YURIMOTO H. Podiform Chromitites of the Tari–Misaka ultramafic complex, Southwestern Japan, as mantle–melt interaction products[J]. Economic Geology, 1994, 89(6): 1279–1288. DOI: 10.2113/gsecongeo.89.6.1279.

[11] BARNES S J, ROEDER P L. The range of spinel compositions in terrestrial mafic and ultramafic rocks[J]. Journal of Petrology, 2001, 42(12): 2279–2302. DOI: 10.1093/petrology/42.12.2279.

[12] BÉJINA F, SAUTTER V, JAOUL O. Cooling rate of chondrules in ordinary chondrites revisited by a new geospeedometer based on the compensation rule[J]. Physics of the Earth and Planetary Interiors, 2009, 172(1): 5–12. DOI: 10.1016/j.pepi.2008.08.014.

[13] BLOOMER S H, HAWKINS J W. Petrology and geochemistry of boninite series volcanic rocks from the Mariana trench[J]. Contributions to Mineralogy and Petrology, 1987, 97(3): 361–377. DOI: 10.1007/BF00371999.

[14] BODNAR R J, SAMSON I, ANDERSON A, et al. Reequilibration of fluid inclusions[J]. Fluid inclusions: Analysis and interpretation, 2003, 32: 213–230.

[15] BONAVIA F F, DIELLA V, FERRARIO A. Precambrian podiform chromitites from Kenticha Hill, southern Ethiopia[J]. Economic Geology, 1993, 88(1): 198–202.

[16] BORISOVA A Y, CEULENEER G, KAMENETSKY V S, et al. A new view on the petrogenesis of the Oman ophiolite chromitites from microanalyses of chromite–hosted inclusions[J]. Journal of Petrology, 2012, 53(12): 2411–2440.

[17] BOUDIER F, NICOLAS A. Nature of the moho transition zone in the Oman ophiolite[J]. Journal of Petrology, 1995, 36(3): 777–796.

[18] CANNATELLI C, DOHERTY A L, ESPOSITO R, et al. Understanding a volcano through a droplet: A melt inclusion approach [J]. Journal of Geochemical Exploration, 171(Supplement C): 2016: 4–19. DOI: 10.1016/j.gexplo.2015.10.003.

[19] CEULENEER G, NICOLAS A. Structures in podiform chromite from the Maqsad district (Sumail ophiolite, Oman)[J]. Mineralium Deposita, 1985, 20(3): 177–184.

[20] CHEN C, SU B–X, XIAO Y, et al. Intermediate chromitite in Kızıldağ ophiolite (SE Turkey) formed during subduction initiation in Neo–Tethys[J]. Ore Geology Reviews, 2019, 104: 88–100. DOI: https://doi.org/10.1016/j.oregeorev.2018.10.004.

[21] COLEMAN R G. Tectonic setting for ophiolite obduction in Oman[J]. Journal of Geophysical

Research: Solid Earth, 1981, 86(B4): 2497-2508.

[22] DANYUSHEVSKY L V, MCNEILL A W, SOBOLEV A V. Experimental and petrological studies of melt inclusions in phenocrysts from mantle-derived magmas: an overview of techniques, advantages and complications[J]. Chemical Geology, 2002, 183(1-4): 5-24.

[23] DARE S A S, PEARCE J A, MCDONALD I, et al. Tectonic discrimination of peridotites using fO2-Cr# and Ga-Ti-FeIII systematics in chrome-spinel[J]. Chemical Geology, 2009, 261(3): 199-216. DOI: 10.1016/j.chemgeo.2008.08.002.

[24] DICK H J, BULLEN T. Chromian spinel as a petrogenetic indicator in abyssal and alpine-type peridotites and spatially associated lavas[J]. Contributions to mineralogy and petrology, 1984, 86(1): 54-76.

[25] DILEK Y, YANG J. Ophiolites, diamonds, and ultrahigh-pressure minerals: New discoveries and concepts on upper mantle petrogenesis[J]. Lithosphere. 2018.

[26] ESPOSITO R, KLEBESZ R, BARTOLI O, et al. Application of the Linkam TS1400XY heating stage to melt inclusion studies[J]. Open Geosciences, 2012, 4(2): 208-218.

[27] FRANK F C. Crystal growth and dislocations[J]. Advances in Physics, 1952, 1(1): 91-109.

[28] FREZZOTTI M-L. Silicate-melt inclusions in magmatic rocks: applications to petrology[J]. Lithos, 2001, 55(1): 273-299. DOI: 10.1016/S0024-4937(00)00048-7.

[29] GANGULY J, YANG H, GHOSE S. Thermal history of mesosiderites: quantitative constraints from compositional zoning and Fe-Mg ordering in orthopyroxenes[J]. Geochimica et Cosmochimica Acta, 1994, 58(12): 2711-2723. DOI: 10.1016/0016-7037(94)90139-2.

[30] GOLDSTEIN R H, 2001. Fluid inclusions in sedimentary and diagenetic systems[J]. Lithos, 55(1-4): 159-193.

[31] GOLDSTEIN R H, SAMSON I, ANDERSON A. Petrographic analysis of fluid inclusions [J]. Fluid inclusions: Analysis and interpretation, 2003, 32: 9-53.

[32] GONZÁLEZ-JIMÉNEZ J M, GRIFFIN W L, PROENZA J A, et al. Chromitites in ophiolites: How, where, when, why? Part II. The crystallization of chromitites[J]. Lithos, 2014, 189: 140-158. DOI: 10.1016/j.lithos.2013.09.008.

[33] GONZÁLEZ-JIMÉNEZ J M, PROENZA J A, GERVILLA F, et al. High-Cr and high-Al chromitites from the Sagua de Táname district, Mayarí-Cristal ophiolitic massif (eastern Cuba): Constraints on their origin from mineralogy and geochemistry of chromian spinel and platinum-group elements[J]. Lithos, 2011, 125(1): 101-121. DOI: 10.1016/j.lithos.

2011. 01. 016.

[34] GRIFFIN W L, AFONSO J C, BELOUSOVA E A, et al. Mantle recycling: transition zone metamorphism of tibetan ophiolitic peridotites and its tectonic implications[J]. Journal of Petrology, 2016, 57(4): 655-684. DOI: 10. 1093/petrology/egw011.

[35] HELLEBRAND E. Garnet-field melting and late-stage refertilization in *Residual* abyssal peridotites from the central indian ridge[J]. Journal of Petrology, 2002, 43(12): 2305-2338. DOI: 10. 1093/petrology/43. 12. 2305.

[36] HOWELL D, GRIFFIN W L, YANG J, et al. Diamonds in ophiolites: contamination or a new diamond growth environment? [J]. Earth and Planetary Science Letters, 2015, 430: 284-295. DOI: 10. 1016/j. epsl. 2015. 08. 023.

[37] HOWIE R A, ZUSSMAN J, DEER W. An introduction to the rock-forming minerals[M]. Longman. 1992a.

[38] HOWIE R A, ZUSSMAN J, DEER W. An introduction to the rock-forming minerals[M]. Longman. 1992b.

[39] IRVINE T N. Chromian spinel as a petrogenetic indicator: part 1. theory[J]. Canadian Journal of Earth Sciences, 1965, 2(6): 648-672. DOI: 10. 1139/e65-046.

[40] IRVINE T N. Chromian spinel as a petrogenetic indicator: part 2. petrologic applications [J]. Canadian Journal of Earth Sciences, 1967, 4(1): 71-103. DOI: 10. 1139/e67-004.

[41] IRVINE T N. Origin of chromitite layers in the muskox intrusion and other stratiform intrusions: a new interpretation[J]. Geology, 1977, 5(5): 273-277. DOI: 10. 1130/0091-7613(1977)5<273: OOCLIT>2. 0. CO; 2.

[42] JOUSSELIN D, NICOLAS A. The Moho transition zone in the Oman ophiolite-relation with wehrlites in the crust and dunites in the mantle[J]. Marine Geophysical Researches, 2000, 21(3-4): 229-241.

[43] KAMENETSKY V. Methodology for the study of melt inclusions in Cr-spinel, and implications for parental melts of MORB from FAMOUS area[J]. Earth and Planetary Science Letters, 1996, 142(3-4): 479-486.

[44] KAMENETSKY V S, CRAWFORD A J, MEFFRE S. Factors controlling chemistry of magmatic spinel: an empirical study of associated olivine, Cr-spinel and melt inclusions from primitive rocks[J]. Journal of Petrology, 2001, 42(4): 655-671.

[45] KHEDR M Z, ARAI S. Chemical variations of mineral inclusions in Neoproterozoic high-Cr chromitites from Egypt: Evidence of fluids during chromitite genesis[J]. Lithos, 2016, 240-243: 309-326. DOI: 10. 1016/j. lithos. 2015. 11. 029.

[46] KOIKE M, OTA Y, SANO Y, et al. High-spatial resolution U-Pb dating of phosphate minerals in Martian meteorite Allan Hills 84001[J]. Geochemical Journal, 2014, 48(5): 423-431.

[47] LI C, RIPLEY E M, SARKAR A, et al. Origin of phlogopite-orthopyroxene inclusions in chromites from the Merensky Reef of the Bushveld Complex, South Africa[J]. Contributions to Mineralogy and Petrology, 2005, 150(1): 119-130. DOI: 10.1007/s00410-005-0013-z.

[48] LOOSVELD R J, BELL A, TERKEN J J. The tectonic evolution of interior Oman[J]. GeoArabia, 1996, 1(1): 28-51.

[49] MATSUKAGE K, ARAI S. Jadeite, Albite and Nepheline as inclusions in spinel of chromitite from hess deep, equatorial pacific: their genesis and implications for serpentinite diapir formation[J]. Contributions to Mineralogy and Petrology, 1998, 131(2): 111-122. DOI: 10.1007/s004100050382.

[50] MAUREL C, MAUREL P. Étude expérimentale de la distribution de l' aluminium entre bain silicaté basique et spinelle chromifère. Implications pétrogénétiques: teneur en chrome des spinelles[J]. Bull. Mineral, 1982, 105: 197-202.

[51] MELCHER F, GRUM W, SIMON G, et al. Petrogenesis of the ophiolitic giant chromite deposits of kempirsai, kazakhstan: a study of solid and fluid inclusions in chromite[J]. Journal of Petrology, 1997, 38(10): 1419-1458. DOI: 10.1093/petroj/38.10.1419.

[52] MOLLO S, HAMMER J E. Dynamic crystallization in magmas[M/OL]. HEINRICH W, ABART R, //Mineral Reaction Kinetics: Microstructures, Textures, Chemical and Isotopic Signatures. 1st. Mineralogical Society of Great Britain & Ireland, 2017: 378-418[2019-08-19]. https://pubs.geoscienceworld.org/books/book/963/chapter/106843208/. DOI: 10.1180/EMU-notes.16.12.

[53] MUSSALLAM K, JUNG D, BURGATH K. Textural features and chemical characteristics of chromites in ultramafic rocks, Chalkidiki Complex (Northeastern Greece)[J]. Mineralogy and Petrology, 1981, 29(2): 75-101.

[54] NICOLAS A, 1989. Structures of ophiolites and dynamics of oceanic lithosphere[M/OL]. Dordrecht: Springer Netherlands[2019-06-01]. http://link.springer.com/10.1007/978-94-009-2374-4. DOI: 10.1007/978-94-009-2374-4.

[55] NICOLAS A, BOUDIER F, ILDEFONSE B, et al. Accretion of Oman and United Arab emirates ophiolite-discussion of a new structural map[J]. Marine Geophysical Researches, 2000, 21(3): 147-180. DOI: 10.1023/A: 1026769727917.

[56] PAGÉ P, BARNES S-J. Using trace elements in chromites to constrain the origin of podiform

chromitites in the Thetford Mines ophiolite, Québec, Canada[J]. Economic Geology, 2009, 104(7): 997-1018.

[57] PLANINŠIČ G, VOLLMER M. The surface-to-volume ratio in thermal physics: from cheese cube physics to animal metabolism[J]. European Journal of Physics, 2008, 29(2): 369-384. DOI: 10.1088/0143-0807/29/2/017.

[58] PRICHARD H M, BARNES S J, GODEL B, et al. The structure of and origin of nodular chromite from the Troodos ophiolite, Cyprus, revealed using high-resolution X-ray computed tomography and electron backscatter diffraction[J]. Lithos, 2015, 218-219: 87-98. DOI: 10.1016/j.lithos.2015.01.013.

[59] PRICHARD H M, BARNES S J, GODEL B. A mechanism for chromite growth in ophiolite complexes: evidence from 3D high-resolution X-ray computed tomographyimages of chromite grains in Harold's Grave chromitite in the Shetland ophiolite.[J]. Mineralogical Magazine, 2018, 82(3): 457-470. DOI: DOI: 10.1180/minmag.2017.081.018.

[60] PROENZA J A, GONZÁLEZ-JIMÉNEZ J M, GARCÍA-CASCO A, et al. Inherited mantle and crustal zircons in mantle chromitites (e Cuba): implications for the evolution of oceanic lithosphere[M]. Macla, 2014.

[61] PROENZA J A, GONZÁLEZ-JIMÉNEZ J M, GARCIA-CASCO A, et al. Cold plumes trigger contamination of oceanic mantle wedges with continental crust-derived sediments: Evidence from chromitite zircon grains of eastern Cuban ophiolites[J]. Geoscience Frontiers, 2018, 9(6): 1921-1936.

[62] RAMBOZ C, PICHAVANT M, WEISBROD A. Fluid immiscibility in natural processes: Use and misuse of fluid inclusion data: II. Interpretation of fluid inclusion data in terms of immiscibility[J]. Chemical Geology, 1982, 37(1-2): 29-48.

[63] RIDLEY J. Ore Deposit Geology[M]. Cambridge University Press, 2013.

[64] RIOUX M, BOWRING S, KELEMEN P, et al. Rapid crustal accretion and magma assimilation in the Oman-U.A.E. Ophiolite: High precision U-Pb zircon geochronology of the gabbroic crust[J/OL]. Journal of Geophysical Research: Solid Earth, 2012, 117(B7) [2019-11-07]. https://agupubs.onlinelibrary.wiley.com/doi/abs/10.1029/2012JB009273. DOI: 10.1029/2012JB009273.

[65] RIOUX M, BOWRING S, KELEMEN P, et al. Tectonic development of the samail ophiolite: high-precision U-Pb zircon geochronology and Sm-Nd isotopic constraints on crustal growth and emplacement[J]. Journal of Geophysical Research: Solid Earth, 2013, 118(5): 2085-2101. DOI: 10.1002/jgrb.50139.

[66] ROBINSON P T, TRUMBULL R B, SCHMITT A, et al. The origin and significance of crustal minerals in ophiolitic chromitites and peridotites[J]. Gondwana Research, 2015, 27(2): 486-506. DOI: 10.1016/j.gr.2014.06.003.

[67] ROEDDER E. Fluid inclusion studies on the porphyry-type ore deposits at Bingham, Utah, Butte, Montana, and Climax, Colorado[J]. Economic Geology, 1971, 66(1): 98-118.

[68] ROEDDER E. Origin and significance of magmatic inclusions[J]. Bulletin de Mineralogie, 1979, 102(5): 487-510.

[69] ROEDDER E. Fluid inclusions [M]. Reviews in Mineralogy, Mineralogical Society of America, 1984.

[70] ROEDER P L, POUSTOVETOV A, OSKARSSON N. Growth forms and composition of chromian spinel in morb magma: diffusion-controlled crystallization of chromian spinel[J]. The Canadian Mineralogist, 2001, 39(2): 397-416. DOI: 10.2113/gscanmin.39.2.397.

[71] ROLLINSON H. The geochemistry of mantle chromitites from the northern part of the Oman ophiolite: inferred parental melt compositions [J]. Contributions to Mineralogy and Petrology, 2008, 156(3): 273-288.

[72] ROLLINSON H, ADETUNJI J. The geochemistry and oxidation state of podiform chromitites from the mantle section of the Oman ophiolite: A review[J]. Gondwana Research, 2015, 27(2): 543-554. DOI: 10.1016/j.gr.2013.07.013.

[73] ROLLINSON H, MAMERI L, BARRY T. Polymineralic inclusions in mantle chromitites from the Oman ophiolite indicate a highly magnesian parental melt[J]. Lithos, 2018, 310-311: 381-391. DOI: https://doi.org/10.1016/j.lithos.2018.04.024.

[74] ROSPABÉ M, CEULENEER G, GRANIER N, et al. Multi-Scale development of a stratiform chromite ore body at the base of the dunitic mantle-crust transition zone (Maqsad diapir, Oman ophiolite): The role of repeated melt and fluid influxes[J]. Lithos, 2019, 350-351: 105235. DOI: 10.1016/j.lithos.2019.105235.

[75] RYABCHIKOV I D, KOGARKO L N, SOLOVOVA I P. Physicochemical conditions of magma formation at the base of the Siberian plume: Insight from the investigation of melt inclusions in the meymechites and alkali picrites of the Maimecha-Kotui province[J]. Petrology, 2009, 17(3): 287-299.

[76] SCHIANO P, CLOCCHIATTI R, LORAND J-P, et al. Primitive basaltic melts included in podiform chromites from the Oman Ophiolite[J]. 1997, 146(3): 489-497. DOI: 10.1016/S0012-821X(96)00254-3.

[77] SEARLE M, COX J. Tectonic setting, origin, and obduction of the Oman ophiolite[J].

Geological Society of America Bulletin, 1999, 111(1): 104-122.

[78] SPANDLER C, MAVROGENES J, ARCULUS R. Origin of chromitites in layered intrusions: Evidence from chromite-hosted melt inclusions from the Stillwater Complex[J]. Geology, 2005, 33(11): 893-896.

[79] SPANDLER C, O NEILL H S C, KAMENETSKY V S. Survival times of anomalous melt inclusions from element diffusion in olivine and chromite [J]. Nature, 2007, 447 (7142): 303.

[80] STACEY J S, KRAMERS J D. Approximation of terrestrial lead isotope evolution by a two-stage model[J]. Earth and Planetary Science Letters, 1975, 26(2): 207-221. DOI: 10. 1016/0012-821X(75)90088-6.

[81] STEFANESCU D M. Nucleation and growth kinetics—nanoscale solidification[M/OL]. STEFANESCU D M//Science and Engineering of Casting Solidification. Cham: Springer International Publishing, 2015: 29-59[2019-08-23]. https://doi.org/10.1007/978-3-319-15693-4_3. DOI: 10.1007/978-3-319-15693-4_3.

[82] SUNAGAWA I. Crystals: Growth, Morphology, & perfection[M]. Cambridge University Press, 2007.

[83] TAKAHATA N, TSUTSUMI Y, SANO Y. Ion microprobe U-Pb dating of zircon with a 15 micrometer spatial resolution using NanoSIMS[J]. Gondwana Research, 2008, 14(4): 587-596.

[84] TAMURA A, MORISHITA T, ISHIMARU S, et al. Geochemistry of spinel - hosted amphibole inclusions in abyssal peridotite: Insight into secondary melt formation in melt-peridotite reaction[J]. Contributions to Mineralogy and Petrology, 2014, 167(3): 974. DOI: 10.1007/s00410-014-0974-x.

[85] THAYER T. Some critical differences between alpine-type and stratiform peridotite-gabbro complexes[C]//21st Intern. Geol. Congress, Copenhagen. XIII. 1960: 247-259.

[86] THAYER T. Application of structural petrology in exploration for podiform chromite deposits [M]//In: Rep. 5th Meet. Geol. F. R. P. Yugoslavia, Belgrade, 1962: 295-303.

[87] THAYER T. Principal features and origin of podiform chromite deposits, and some observations on the Guelman-Soridag District, Turkey[J]. Economic Geology, 1964, 59 (8): 1497-1524.

[88] TILTON G R, HOPSON C A, WRIGHT J E. Uranium - lead isotopic ages of the Samail ophiolite, Oman, with applications to Tethyan ocean ridge tectonics [J]. Journal of Geophysical Research: Solid Earth, 1981, 86(B4): 2763-2775.

[89] UYSAL İ, TARKIAN M, SADIKLAR M B, et al. Platinum-group-element geochemistry and mineralogy of ophiolitic chromitites from the Kop mountains, Northeastern Turkey[J]. The Canadian Mineralogist, 2007, 45(2): 355-377. DOI: 10.2113/gscanmin.45.2.355.

[90] VAN DEN KERKHOF A M, HEIN U F. Fluid inclusion petrography[J]. Lithos, 2001, 55(1): 27-47. DOI: https://doi.org/10.1016/S0024-4937(00)00037-2.

[91] VESSELINOV M I. Crystal growth for beginners: fundamentals of nucleation, crystal growth and epitaxy[M]. World scientific, 2016.

[92] VUKMANOVIC Z, BARNES S J, REDDY S M, et al. Morphology and microstructure of chromite crystals in chromitites from the Merensky Reef (Bushveld Complex, South Africa)[J]. Contributions to Mineralogy and Petrology, 2013, 165(6): 1031-1050. DOI: 10.1007/s00410-012-0846-1.

[93] WARREN C J, PARRISH R R, WATERS D J, et al. Dating the geologic history of Oman's Semail ophiolite: Insights from U-Pb geochronology[J]. Contributions to Mineralogy and Petrology, 2005, 150(4): 403-422.

[94] XU X, YANG J, ROBINSON P T, et al. Origin of ultrahigh pressure and highly reduced minerals in podiform chromitites and associated mantle peridotites of the Luobusa ophiolite, Tibet[J]. Gondwana Research, 2015, 27(2): 686-700. DOI: 10.1016/j.gr.2014.05.010.

[95] YAMAMOTO S, KOMIYA T, HIROSE K, et al. Coesite and clinopyroxene exsolution lamellae in chromites: In-situ ultrahigh-pressure evidence from podiform chromitites in the Luobusa ophiolite, southern Tibet[J]. Lithos, 2009, 109(3): 314-322. DOI: 10.1016/j.lithos.2008.05.003.

[96] YANG J, BAI W, DOBRZHINETSKAYA L, et al. In situ diamonds in polished chromitite fragments from the chromite deposits in Polar Ural and Tibet[C]//AGU Fall Meeting Abstracts, 2009.

[97] YANG J-S, DOBRZHINETSKAYA L, BAI W-J, et al. Diamond- and coesite-bearing chromitites from the Luobusa ophiolite, Tibet[J]. Geology, 2007, 35(10): 875. DOI: 10.1130/G23766A.1.

[98] YANG J, MENG F, XU X, et al. Diamonds, native elements and metal alloys from chromitites of the Ray-Iz ophiolite of the Polar Urals[J]. Gondwana Research, 2015, 27(2): 459-485. DOI: 10.1016/j.gr.2014.07.004.

[99] ZACCARINI F, GARUTI G, PROENZA J A, et al. Chromite and platinum group elements mineralization in the Santa Elena Ultramafic Nappe (Costa Rica): geodynamic implications

[J]. Geologica Acta: an international earth science journal, 2011, 9(3-4): 407-423.

[100] ZHOU M F, ROBINSON P T, BAI W J. Formation of podiform chromitites by melt/rock interaction in the upper mantle[J]. Mineralium Deposita, 1994, 29(1): 98-101. DOI: 10.1007/BF03326400.

[101] ZHOU M-F, ROBINSON P T, MALPAS J, et al. Podiform chromitites in the Luobusa ophiolite (southern Tibet): Implications for Melt-Rock interaction and chromite segregation in the upper mantle[J]. Journal of Petrology, 1996, 37(1): 3-21. DOI: 10.1093/petrology/37.1.3.

[102] ZHOU M-F, ROBINSON P T, SU B-X, et al. Compositions of chromite, associated minerals, and parental magmas of podiform chromite deposits: The role of slab contamination of asthenospheric melts in suprasubduction zone environments[J]. Gondwana Research, 2014, 26(1): 262-283. DOI: 10.1016/j.gr.2013.12.011.

[103] USGS. Chromium statistics and information[EB/OL](2019)[2019-07-29]. https://www.usgs.gov/centers/nmic/chromium-statistics-and-information. 2019.

附 录

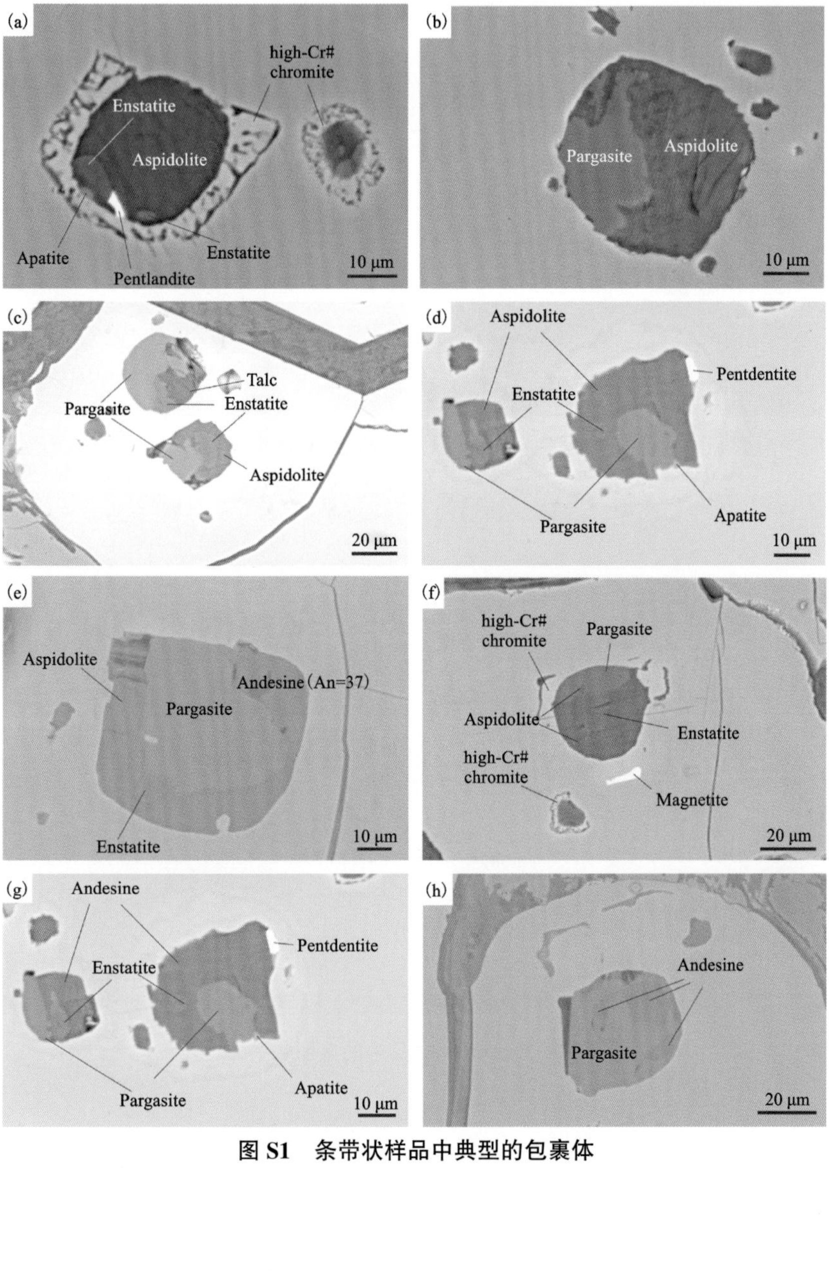

图 S1　条带状样品中典型的包裹体

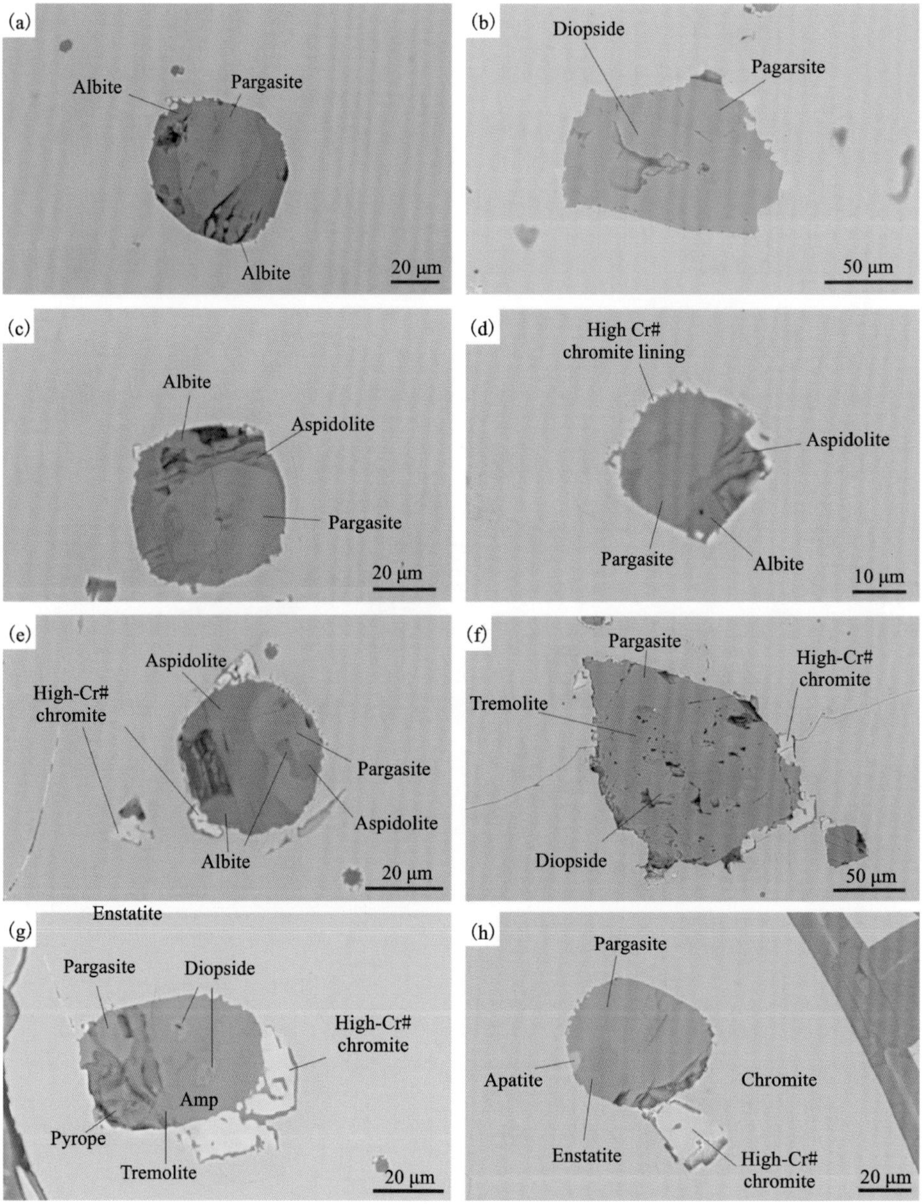

图 S2　OmanDP 样品中的典型包裹体

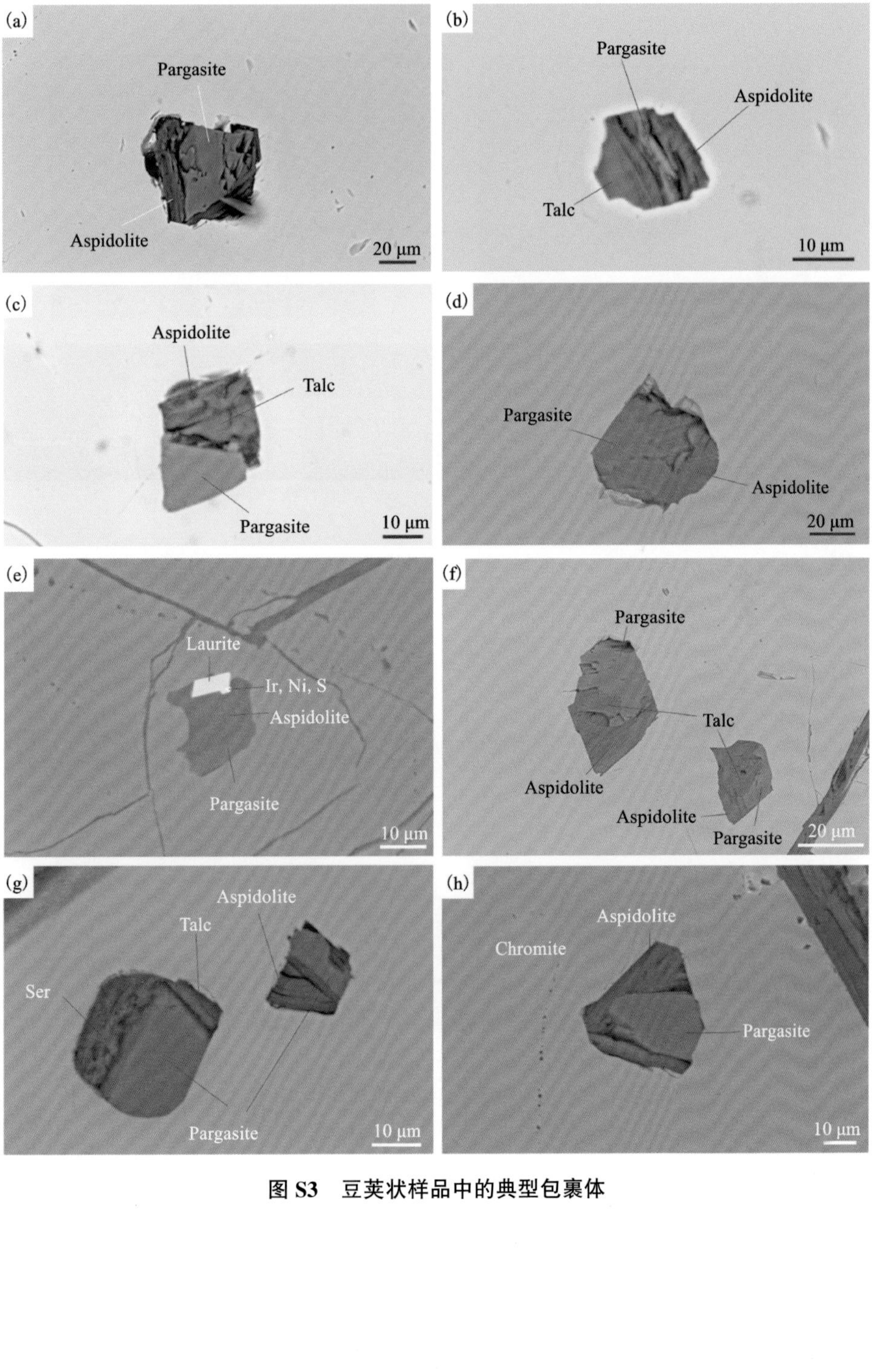

图 S3 豆荚状样品中的典型包裹体

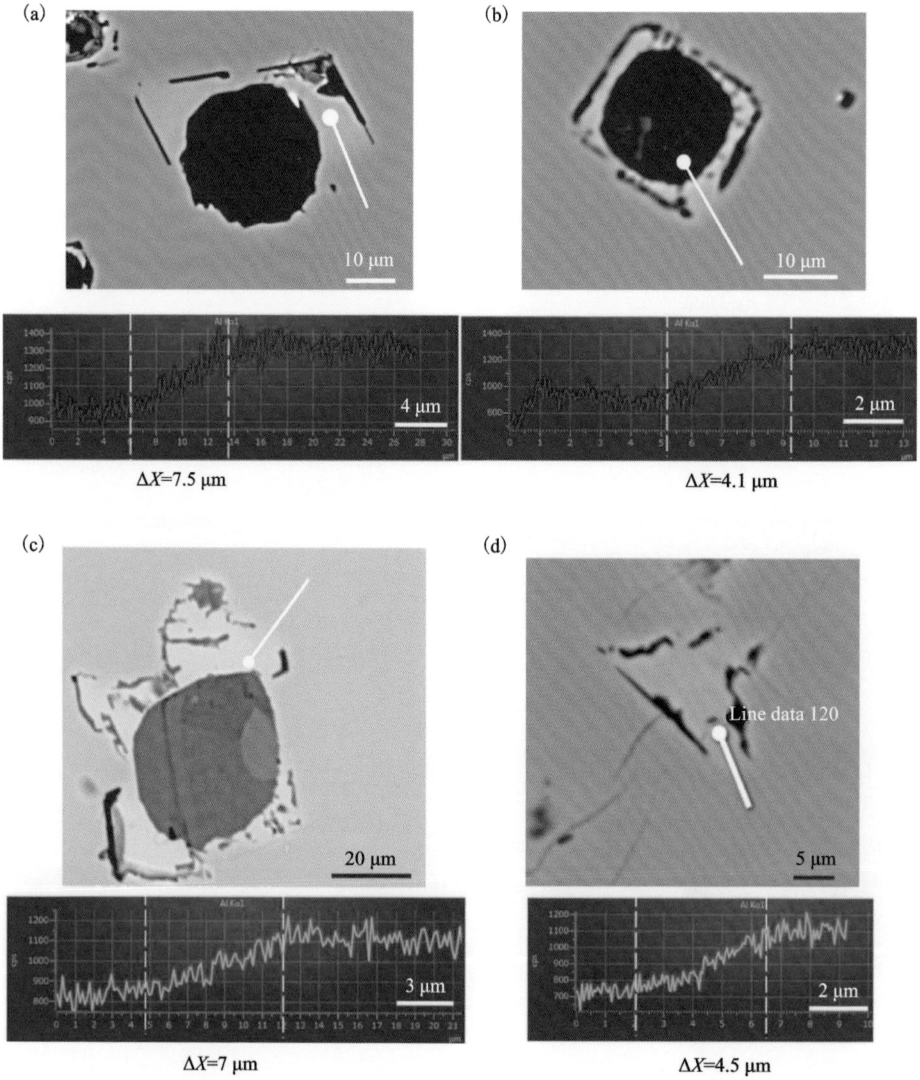

图 S4　条带状样品中的高 Cr#铬铁矿衬里与主矿物之间的 Al *Kα* 强度线扫描图

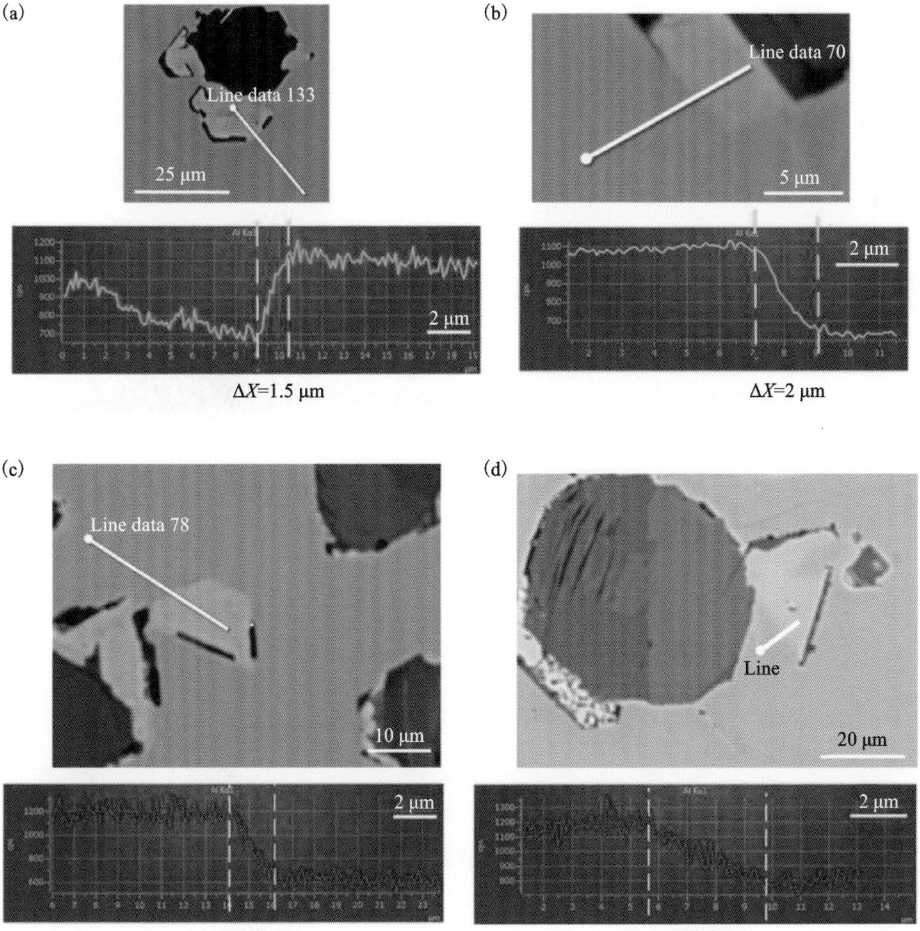

图 S5 OmanDP 样品中的高 Cr#铬铁矿衬里与主矿物之间的 Al *Kα* 强度线扫描图

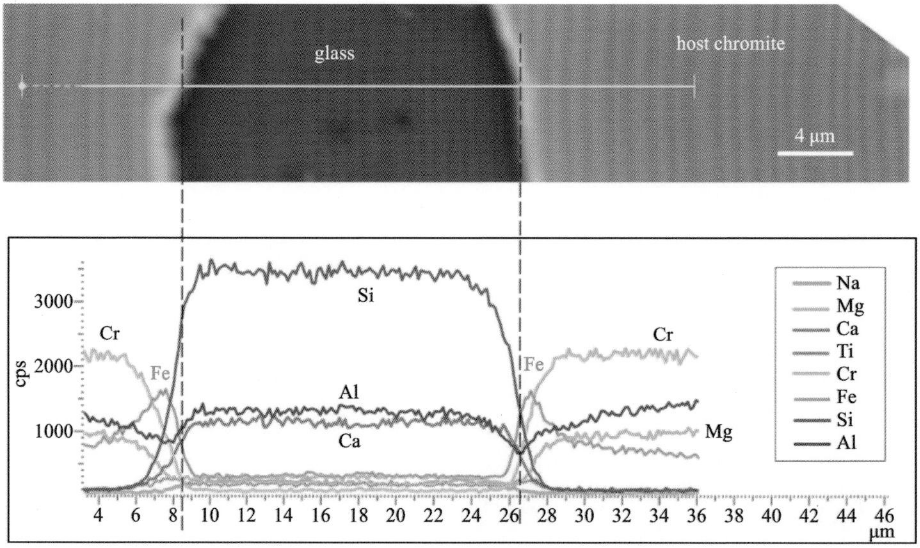

图 S6　条带状样品中的高温淬火玻璃与主矿物之间的 SEM-EDS 主量元素强度线扫描图，在图中没有观察到高 Cr#铬铁矿衬里

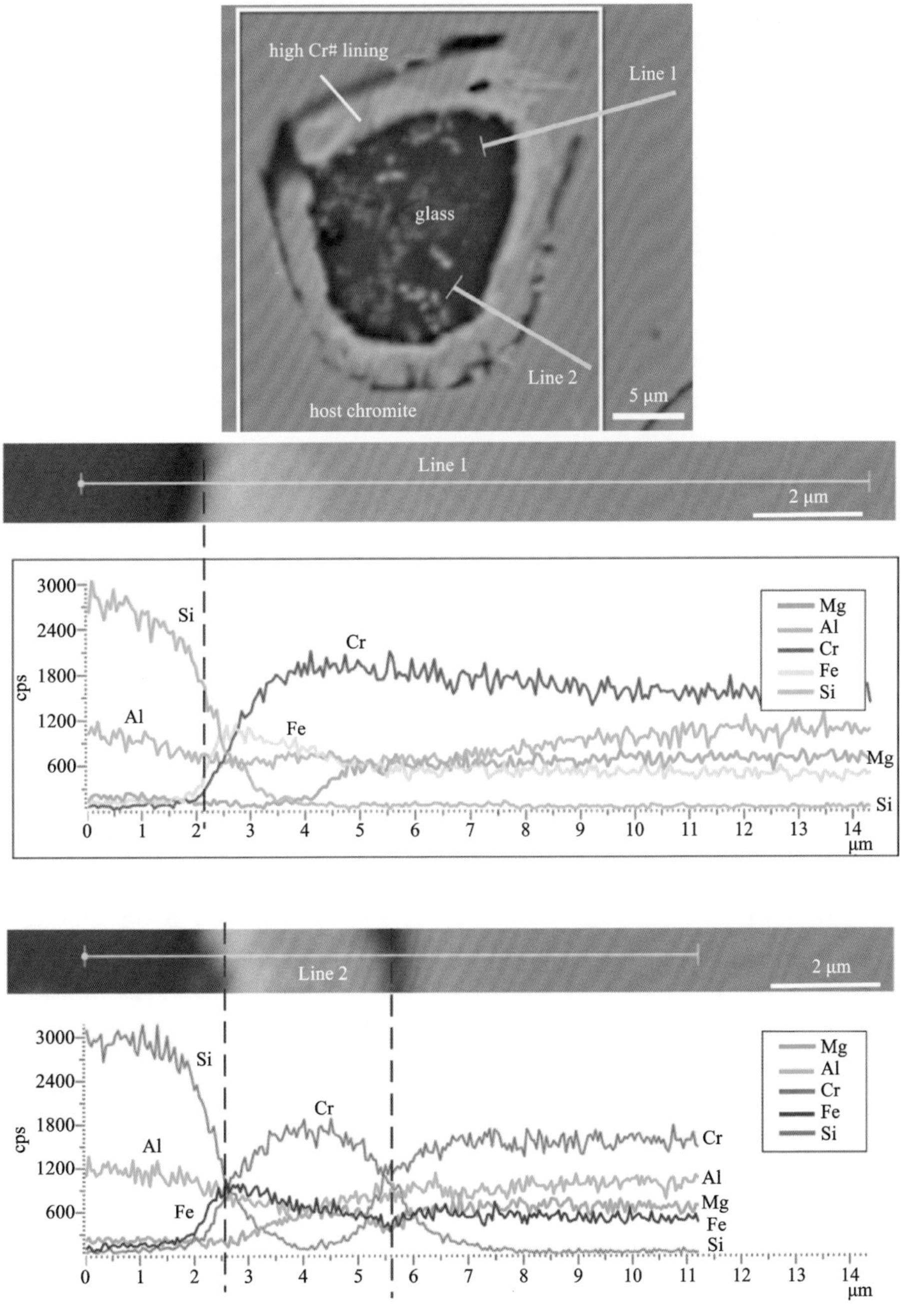

图 S7 条带状样品中的高温淬火玻璃与高 Cr#衬里及主矿物之间的 SEM-EDS 主量元素强度线扫描图，Line2 穿过了一条在主矿物与高 Cr#衬里之间硅酸盐窄带，Line1 中没有出现硅酸相

表 S1　条带状样品中铬铁矿的主要氧化物含量(%)与主要元素含量(10^{-6})

No.	7-12	14-19	16-20a	16-20b	22-25	24-29	29-33a	29-33b	29-33c	32-35	39-44	43-48
SiO_2	0. 06	0. 00	0. 04	0. 04	0. 04	0. 00	0. 00	0. 02	0. 00	0. 00	0. 04	0. 01
TiO_2	0. 42	0. 42	0. 39	0. 32	0. 41	0. 46	0. 52	0. 38	0. 44	0. 36	0. 47	0. 37
Al_2O_3	25. 30	24. 08	24. 51	24. 23	22. 29	25. 09	24. 80	25. 51	24. 86	25. 32	24. 82	23. 82
Cr_2O_3	41. 79	40. 30	43. 06	40. 88	41. 56	41. 27	42. 76	41. 11	41. 22	41. 98	42. 32	44. 15
FeO^T	19. 05	21. 60	17. 40	18. 63	22. 13	17. 99	17. 68	19. 36	18. 76	18. 67	17. 16	18. 76
MnO	0. 32	0. 28	0. 20	0. 36	0. 27	0. 29	0. 18	0. 25	0. 19	0. 26	0. 16	0. 20
MgO	14. 10	13. 18	14. 75	13. 77	12. 65	15. 09	15. 25	14. 41	13. 91	15. 14	15. 76	14. 31
CaO	0. 02	0. 00	0. 04	0. 00	0. 00	0. 00	0. 00	0. 00	0. 00	0. 03	0. 01	0. 00
NiO	0. 03	0. 16	0. 07	0. 08	0. 13	0. 20	0. 20	0. 17	0. 07	0. 17	0. 28	0. 08
Total	101. 08	100. 01	100. 46	98. 30	99. 47	100. 39	101. 39	101. 20	99. 47	101. 93	101. 02	101. 70
Si	0. 00	0. 00	0. 00	0. 00	0. 00	0. 00	0. 00	0. 00	0. 00	0. 00	0. 00	0. 00
Ti	0. 01	0. 01	0. 01	0. 01	0. 01	0. 01	0. 01	0. 01	0. 01	0. 01	0. 01	0. 01
Al	0. 89	0. 86	0. 87	0. 88	0. 81	0. 88	0. 87	0. 89	0. 89	0. 88	0. 87	0. 84
Cr	0. 99	0. 97	1. 02	0. 99	1. 01	0. 97	1. 00	0. 97	0. 99	0. 98	0. 99	1. 04
Fe^{2+}	0. 37	0. 40	0. 34	0. 37	0. 42	0. 33	0. 33	0. 36	0. 37	0. 33	0. 31	0. 37
Fe^{3+}	0. 10	0. 15	0. 09	0. 11	0. 15	0. 12	0. 11	0. 12	0. 10	0. 13	0. 12	0. 10
Mn	0. 01	0. 01	0. 01	0. 01	0. 01	0. 01	0. 00	0. 01	0. 00	0. 01	0. 00	0. 00

续表 S1

No.	7-12	14-19	16-20a	16-20b	22-25	24-29	29-33a	29-33b	29-33c	32-35	39-44	43-48
Ni	0.00	0.00	0.00	0.00	0.00	0.00	0.00	0.00	0.00	0.00	0.01	0.00
Mg	0.63	0.60	0.66	0.63	0.58	0.67	0.67	0.64	0.63	0.66	0.70	0.64
Ca	0.00	0.00	0.00	0.00	0.00	0.00	0.00	0.00	0.00	0.00	0.00	0.00
Total	3.00	3.00	3.00	3.00	3.00	3.00	3.00	3.00	3.00	3.00	3.00	3.00
Cr#	0.53	0.53	0.54	0.53	0.56	0.52	0.54	0.52	0.53	0.53	0.53	0.55
Mg#	0.63	0.60	0.66	0.63	0.58	0.67	0.67	0.64	0.63	0.67	0.69	0.64
Y_{Cr}	0.50	0.49	0.52	0.50	0.51	0.49	0.51	0.49	0.50	0.49	0.50	0.53
Y_{Al}	0.45	0.44	0.44	0.44	0.41	0.45	0.44	0.45	0.45	0.44	0.44	0.42
Y_{Fe}	0.05	0.08	0.05	0.06	0.08	0.06	0.06	0.06	0.05	0.06	0.06	0.05

Total Fe as FeO^T. Mg# = $Mg/(Mg+Fe^{2+})$ atomic ratio. Cr# = $Cr/(Cr + Al)$ atomic ratio. Y_{Cr}, Y_{Al} and Y_{Fe} are the atomic ratios of Cr, Al and Fe^{3+}, respectively, to the sum of trivalent cations ($Cr + Al + Fe^{3+}$).

表 S2 OmanDP 样品中铬铁矿的主量元素含量(%)

No.	18-1 23-28a	58-03 36-39a	58-03 36-39b	58-03 36-39c	58-03 36-39d	58-3 39-43a	58-3 39-43b	58-3 39-43c	58-3 39-43d	58-3 39-43e	58-3 39-43f	59-1 89-94a
SiO_2	0.04	0.00	0.00	0.03	0.00	0.03	0.02	0.08	0.00	0.02	0.04	0.03
TiO_2	0.56	0.14	0.23	0.14	0.18	0.17	0.19	0.12	0.12	0.11	0.12	0.20
Al_2O_3	22.42	25.54	25.49	25.31	25.06	23.58	23.72	25.86	25.75	25.77	25.31	26.95

续表S2

No.	18−1 23−28a	58−03 36−39a	58−03 36−39b	58−03 36−39c	58−03 36−39d	58−3 39−43a	58−3 39−43b	58−3 39−43c	58−3 39−43d	58−3 39−43e	58−3 39−43f	59−1 89−94a
Cr_2O_3	44. 66	43. 91	43. 43	43. 42	42. 46	42. 75	42. 45	43. 77	41. 94	42. 68	42. 72	38. 67
FeO^T	19. 26	14. 98	15. 27	15. 31	15. 57	15. 92	16. 93	15. 52	16. 14	15. 98	14. 81	19. 40
MnO	0. 23	0. 24	0. 20	0. 11	0. 33	0. 18	0. 11	0. 24	0. 15	0. 26	0. 21	0. 51
MgO	14. 36	15. 80	15. 69	15. 77	15. 15	15. 53	15. 48	15. 68	15. 69	15. 84	15. 52	13. 59
CaO	0. 03	0. 04	0. 02	0. 02	0. 00	0. 02	0. 00	0. 03	0. 00	0. 02	0. 03	0. 00
NiO	0. 09	0. 16	0. 28	0. 37	0. 09	0. 37	0. 13	0. 03	0. 12	0. 20	0. 12	0. 05
Total	101. 65	100. 81	100. 60	100. 49	98. 86	98. 56	99. 02	101. 34	99. 91	100. 88	98. 87	99. 39
Si	0. 00	0. 00	0. 00	0. 00	0. 00	0. 00	0. 00	0. 00	0. 00	0. 00	0. 00	0. 00
Ti	0. 01	0. 00	0. 01	0. 00	0. 00	0. 00	0. 00	0. 00	0. 00	0. 00	0. 00	0. 00
Al	0. 79	0. 89	0. 89	0. 89	0. 89	0. 84	0. 85	0. 90	0. 90	0. 90	0. 90	0. 96
Cr	1. 06	1. 03	1. 02	1. 02	1. 02	1. 03	1. 02	1. 02	0. 99	1. 00	1. 02	0. 92
Fe^{2+}	0. 36	0. 30	0. 30	0. 29	0. 31	0. 29	0. 30	0. 31	0. 30	0. 29	0. 30	0. 38
Fe^{3+}	0. 12	0. 08	0. 08	0. 09	0. 08	0. 12	0. 13	0. 07	0. 10	0. 10	0. 08	0. 11
Mn	0. 01	0. 01	0. 00	0. 00	0. 01	0. 00	0. 00	0. 01	0. 00	0. 01	0. 01	0. 01
Ni	0. 00	0. 00	0. 01	0. 01	0. 00	0. 01	0. 00	0. 00	0. 00	0. 00	0. 00	0. 00
Mg	0. 64	0. 70	0. 69	0. 70	0. 68	0. 70	0. 70	0. 69	0. 70	0. 70	0. 70	0. 61
Ca	0. 00	0. 00	0. 00	0. 00	0. 00	0. 00	0. 00	0. 00	0. 00	0. 00	0. 00	0. 00

续表S2

No.	18−1 23−28a	58−03 36−39a	58−03 36−39b	58−03 36−39c	58−03 36−39d	58−3 39−43a	58−3 39−43b	58−3 39−43c	58−3 39−43d	58−3 39−43e	58−3 39−43f	59−1 89−94a
Total	3.00	3.00	3.00	3.00	3.00	3.00	3.00	3.00	3.00	3.00	3.00	3.00
Cr#	0.57	0.54	0.53	0.54	0.53	0.55	0.55	0.53	0.52	0.53	0.53	0.49
Mg#	0.64	0.70	0.70	0.70	0.69	0.71	0.70	0.69	0.70	0.70	0.70	0.62
Y_{Cr}	0.54	0.52	0.51	0.51	0.51	0.52	0.51	0.51	0.50	0.50	0.51	0.46
Y_{Al}	0.40	0.45	0.45	0.44	0.45	0.42	0.43	0.45	0.45	0.45	0.45	0.48
Y_{Fe}	0.06	0.04	0.04	0.04	0.04	0.06	0.06	0.04	0.05	0.05	0.04	0.05

Total Fe as FeO^T. Mg# = $Mg/(Mg+Fe^{2+})$ atomic ratio. Cr# = $Cr/(Cr + Al)$ atomic ratio. Y_{Cr}, Y_{Al} and Y_{Fe} are the atomic ratios of Cr, Al and Fe^{3+}, respectively, to the sum of trivalent cations ($Cr + Al + Fe^{3+}$).

表 S3 OmanDP 样品中铬铁矿的主量元素含量(%)

No.	cs8−1	cs8−2	cs9−1	cs9−2	cs10−1	cs10−2	cs11−1	cs11−2	cs12−1	cs12−2	cs12−3	cs13−1
SiO_2	0.03	0.00	0.00	0.00	0.01	0.00	0.02	0.04	0.01	0.00	0.03	0.00
TiO_2	0.08	0.11	0.13	0.06	0.11	0.11	0.03	0.05	0.12	0.17	0.12	0.08
Al_2O_3	11.74	11.52	13.97	13.58	14.42	14.23	12.65	11.96	13.39	13.55	12.63	15.95
Cr_2O_3	57.44	57.60	54.33	54.54	55.43	56.12	56.44	56.99	56.11	56.69	57.84	53.70
FeO^T	16.82	18.70	16.64	16.06	16.21	16.12	17.15	16.26	16.79	16.73	16.68	16.69
MnO	0.14	0.26	0.12	0.09	0.15	0.23	0.28	0.23	0.28	0.31	0.28	0.22

续表S3

No.	cs8−1	cs8−2	cs9−1	cs9−2	cs10−1	cs10−2	cs11−1	cs11−2	cs12−1	cs12−2	cs12−3	cs13−1
MgO	12.85	12.44	13.54	13.81	12.81	13.49	12.60	13.91	13.78	13.67	12.69	13.90
CaO	0.03	0.00	0.00	0.02	0.04	0.00	0.00	0.00	0.04	0.00	0.00	0.00
NiO	0.23	0.28	0.15	0.07	0.23	0.21	0.04	0.00	0.13	0.19	0.18	0.00
Total	99.35	100.90	98.88	98.22	99.41	100.52	99.21	99.43	100.63	101.28	100.47	100.54
Si	0.00	0.00	0.00	0.00	0.00	0.00	0.00	0.00	0.00	0.00	0.00	0.00
Ti	0.00	0.00	0.00	0.00	0.00	0.00	0.00	0.00	0.00	0.00	0.00	0.00
Al	0.45	0.43	0.53	0.51	0.54	0.53	0.48	0.45	0.50	0.50	0.48	0.59
Cr	1.47	1.46	1.37	1.39	1.40	1.40	1.44	1.44	1.40	1.41	1.46	1.32
Fe^{2+}	0.37	0.40	0.35	0.33	0.38	0.36	0.39	0.33	0.34	0.35	0.39	0.35
Fe^{3+}	0.08	0.10	0.09	0.10	0.05	0.07	0.08	0.10	0.10	0.09	0.06	0.09
Mn	0.00	0.01	0.00	0.00	0.00	0.01	0.01	0.01	0.01	0.01	0.01	0.01
Ni	0.01	0.01	0.00	0.00	0.01	0.01	0.00	0.00	0.00	0.00	0.00	0.00
Mg	0.62	0.59	0.65	0.66	0.61	0.63	0.61	0.66	0.65	0.64	0.60	0.65
Ca	0.00	0.00	0.00	0.00	0.00	0.00	0.00	0.00	0.00	0.00	0.00	0.00
Total	3.00	3.00	3.00	3.00	3.00	3.00	3.00	3.00	3.00	3.00	3.00	3.00
Cr#	0.77	0.77	0.72	0.73	0.72	0.73	0.75	0.76	0.74	0.74	0.75	0.69
Mg#	0.62	0.60	0.65	0.66	0.61	0.64	0.61	0.67	0.65	0.64	0.61	0.65

续表S3

No.	cs8-1	cs8-2	cs9-1	cs9-2	cs10-1	cs10-2	cs11-1	cs11-2	cs12-1	cs12-2	cs12-3	cs13-1
Y_{Cr}	0. 74	0. 73	0. 69	0. 69	0. 70	0. 70	0. 72	0. 72	0. 70	0. 71	0. 73	0. 66
Y_{Al}	0. 22	0. 22	0. 26	0. 26	0. 27	0. 26	0. 24	0. 23	0. 25	0. 25	0. 24	0. 29
Y_{Fe}	0. 04	0. 05	0. 05	0. 05	0. 03	0. 03	0. 04	0. 05	0. 05	0. 04	0. 03	0. 04
No.	cs13-2	cs13-3	cs13-4	cs13-5	cs13-6	cs13-7	cs13-8	cs14	cs14-1	cs14-2	cs16-1	cs16-2
SiO_2	0. 00	0. 04	0. 00	0. 02	0. 03	0. 05	0. 00	0. 02	0. 00	0. 00	0. 00	0. 04
TiO_2	0. 04	0. 10	0. 15	0. 11	0. 09	0. 11	0. 10	0. 12	0. 06	0. 05	0. 09	0. 07
Al_2O_3	15. 47	15. 46	14. 32	15. 55	15. 33	15. 58	15. 07	14. 58	13. 65	14. 39	13. 50	13. 36
Cr_2O_3	52. 55	52. 78	54. 01	53. 87	54. 86	52. 04	54. 09	53. 88	54. 60	56. 67	56. 12	55. 63
FeO^T	16. 22	15. 94	16. 62	16. 95	16. 83	16. 54	16. 57	17. 08	16. 47	17. 01	17. 63	17. 29
MnO	0. 24	0. 23	0. 14	0. 20	0. 19	0. 20	0. 10	0. 34	0. 26	0. 31	0. 39	0. 37
MgO	14. 22	13. 95	14. 22	14. 33	13. 57	14. 13	13. 89	13. 15	13. 99	12. 22	13. 42	13. 63
CaO	0. 00	0. 00	0. 00	0. 00	0. 00	0. 00	0. 00	0. 03	0. 00	0. 00	0. 00	0. 00
NiO	0. 13	0. 19	0. 17	0. 19	0. 00	0. 01	0. 18	0. 16	0. 17	0. 13	0. 23	0. 13
Total	98. 87	98. 68	99. 63	101. 21	100. 90	98. 66	100. 02	99. 34	99. 20	100. 77	101. 37	100. 55
Si	0. 00	0. 00	0. 00	0. 00	0. 00	0. 00	0. 00	0. 00	0. 00	0. 00	0. 00	0. 00
Ti	0. 00	0. 00	0. 00	0. 00	0. 00	0. 00	0. 00	0. 00	0. 00	0. 00	0. 00	0. 00

续表 S3

No.	cs13-2	cs13-3	cs13-4	cs13-5	cs13-6	cs13-7	cs13-8	cs14	cs14-1	cs14-2	cs16-1	cs16-2
SiO_2	0.00	0.04	0.00	0.02	0.03	0.05	0.00	0.02	0.00	0.00	0.00	0.04
Al	0.58	0.58	0.53	0.57	0.56	0.58	0.56	0.55	0.51	0.54	0.50	0.50
Cr	1.31	1.32	1.35	1.32	1.36	1.30	1.34	1.36	1.37	1.42	1.39	1.39
Fe^{2+}	0.32	0.33	0.33	0.33	0.37	0.33	0.34	0.37	0.33	0.41	0.36	0.35
Fe^{3+}	0.11	0.09	0.11	0.11	0.07	0.11	0.09	0.09	0.11	0.04	0.10	0.11
Mn	0.01	0.01	0.00	0.01	0.01	0.01	0.00	0.01	0.01	0.01	0.01	0.01
Ni	0.00	0.00	0.00	0.00	0.00	0.00	0.00	0.00	0.00	0.00	0.01	0.00
Mg	0.67	0.66	0.67	0.66	0.63	0.67	0.65	0.62	0.66	0.58	0.63	0.64
Ca	0.00	0.00	0.00	0.00	0.00	0.00	0.00	0.00	0.00	0.00	0.00	0.00
Total	3.00	3.00	3.00	3.00	3.00	3.00	3.00	3.00	3.00	3.00	3.00	3.00
Cr#	0.70	0.70	0.72	0.70	0.71	0.69	0.71	0.71	0.73	0.73	0.74	0.74
Mg#	0.68	0.66	0.67	0.67	0.63	0.67	0.65	0.63	0.67	0.58	0.64	0.65
Y_{Cr}	0.66	0.66	0.68	0.66	0.68	0.65	0.67	0.68	0.69	0.71	0.70	0.70
Y_{Al}	0.29	0.29	0.27	0.28	0.28	0.29	0.28	0.27	0.26	0.27	0.25	0.25
Y_{Fe}	0.05	0.05	0.06	0.05	0.04	0.05	0.05	0.05	0.06	0.02	0.05	0.05

续表 S3

No.	cs17-1	cs17-2	cs18-1	cs18-2	cs18-3	cs19	cs20-1	cs20-2	cs21	cs22
SiO_2	0.00	0.02	0.02	0.02	0.02	0.02	0.01	0.05	0.00	0.00
TiO_2	0.05	0.06	0.11	0.06	0.10	0.06	0.13	0.06	0.01	0.06
Al_2O_3	12.79	13.13	14.02	13.44	14.54	14.38	14.53	14.49	15.87	14.75
Cr_2O_3	54.61	54.44	55.86	56.39	55.34	54.84	55.71	55.15	55.73	55.21
FeO^T	18.70	18.38	16.95	17.25	16.63	16.88	15.28	15.44	13.94	15.94
MnO	0.26	0.38	0.26	0.20	0.17	0.17	0.10	0.20	0.11	0.26
MgO	12.90	12.12	13.77	13.94	13.89	13.44	13.30	14.20	13.83	13.62
CaO	0.00	0.02	0.05	0.00	0.07	0.01	0.05	0.05	0.00	0.03
NiO	0.10	0.20	0.09	0.21	0.15	0.09	0.07	0.14	0.10	0.02
Total	99.41	98.75	101.13	101.51	100.89	99.90	99.16	99.76	99.59	99.89
Si	0.00	0.00	0.00	0.00	0.00	0.00	0.00	0.00	0.00	0.00
Ti	0.00	0.00	0.00	0.00	0.00	0.00	0.00	0.00	0.00	0.00
Al	0.48	0.50	0.52	0.49	0.54	0.54	0.55	0.54	0.59	0.55
Cr	1.39	1.40	1.38	1.39	1.37	1.37	1.40	1.37	1.39	1.38
Fe^{2+}	0.37	0.40	0.35	0.34	0.35	0.36	0.36	0.33	0.35	0.35
Fe^{3+}	0.13	0.10	0.09	0.11	0.09	0.09	0.04	0.08	0.02	0.07
Mn	0.01	0.01	0.01	0.01	0.00	0.00	0.00	0.01	0.00	0.01

续表S3

No.	cs17-1	cs17-2	cs18-1	cs18-2	cs18-3	cs19	cs20-1	cs20-2	cs21	cs22
Ni	0.00	0.01	0.00	0.01	0.00	0.00	0.00	0.00	0.00	0.00
Mg	0.62	0.59	0.64	0.65	0.65	0.63	0.63	0.67	0.65	0.64
Ca	0.00	0.00	0.00	0.00	0.00	0.00	0.00	0.00	0.00	0.00
Total	3.00	3.00	3.00	3.00	3.00	3.00	3.00	3.00	3.00	3.00
Cr#	0.74	0.74	0.73	0.74	0.72	0.72	0.72	0.72	0.70	0.72
Mg#	0.62	0.59	0.65	0.65	0.65	0.64	0.63	0.67	0.65	0.65
Y_{Cr}	0.69	0.70	0.69	0.70	0.69	0.69	0.70	0.69	0.69	0.69
Y_{Al}	0.24	0.25	0.26	0.25	0.27	0.27	0.27	0.27	0.29	0.27
Y_{Fe}	0.06	0.05	0.05	0.05	0.05	0.04	0.02	0.04	0.01	0.03

Total Fe as FeO^T. Mg# = Mg/($Mg+Fe^{2+}$) atomic ratio. Cr# = Cr/(Cr + Al) atomic ratio. Y_{Cr}, Y_{Al} and Y_{Fe} are the atomic ratios of Cr, Al and Fe^{3+}, respectively, to the sum of trivalent cations (Cr + Al + Fe^{3+}).

表 S4 不同样品中铬铁矿的微量元素含量(10^{-6})与主量元素含量(%)

	Banded chromitite sample					Oman DP samples					Podiform chromitite samples				
	s02					58-03 39-43					s3-7b				
V	750.3	580.9	827.6	664.7	619.9	975.3	621.2	683.6	1023.3	1238.4	1048.2	1133.1	803.7	646.2	321.2
Mn	1037	1015.8	1362.4	1133.6	1077.9	1250.1	803.6	813.8	1172.2	1527	1307.7	1492.2	1148.8	873.8	395.4
Co	200.7	192.8	254.4	209.0	196.3	295.2	187.6	199.5	286.6	362.3	240.2	265.6	219.5	152.1	64.8

续表S4

	Banded chromitite sample					Oman DP samples					Podiform chromitite samples				
	s02					58-03 39-43					s3-7b				
Ni	1023.1	996.5	1157.3	1117.0	1048.7	1372.6	949.1	993.3	1431.2	1854.1	1710.1	2107.2	1535.5	1191.4	492.2
Zn	388.0	401.6	493.9	392.0	425.8	545.0	332.3	372.3	520.1	686.5	305.1	406.7	298.5	243.7	101.6
Ga	38.1	35.9	48.9	39.5	36.3	45.6	30.2	31.3	45.4	59.1	34.4	44.8	33.9	26.5	11.6
Cr# * 100	51	51	50	51	51	54	53	52	52	53	68	67	67	67	68
Ti	1917.9	1965.8	1864	2445.3	2127.7	1312.6	851.1	863.1	1222.7	1624.2	689.2	809.1	617.3	473.5	209.8
Al_2O_3	26.65	26.25	26.93	26.59	26.56	24.93	25.78	25.47	25.46	25.06	17.01	17.16	17.56	17.14	17.05
Cr_2O_3	41.41	40.76	40.78	42.03	41.88	43.32	43.22	41.35	41.93	42.54	52.73	52.35	52.65	53.03	53.01
FeO^T	16.59	16.90	17.52	16.95	17.68	16.35	16.06	15.58	15.94	15.58	15.36	15.18	15.86	15.25	15.96
MnO	0.23	0.15	0.29	0.08	0.21	0.31	0.14	0.10	0.19	0.31	0.19	0.11	0.25	0.26	0.26
MgO	15.35	15.20	14.97	15.09	15.11	15.13	15.93	15.43	15.71	15.69	14.85	14.91	14.75	14.66	14.65

Ti($\times 10^{-6}$) is TiO_2(EPMA analysis) expressed in ppm. Total Fe as FeO^T. Mg# = Mg/($Mg+Fe^{2+}$) atomic ratio. Cr# = Cr/(Cr + Al) atomic ratio.

表 S5 条带状样品中橄榄石的主量元素含量(%)

No.	7-12	14-19	16-20	22-25	24-29	29-33a	29-33b	29-33c	32-35	39-44	43-48	47-50	S01b
SiO_2	41.18	41.47	41.14	41.19	41.18	41.46	41.49	40.73	41.58	41.22	41.06	41.16	40.39
TiO_2	0.08	0.00	0.01	0.05	0.01	0.04	0.00	0.00	0.00	0.02	0.00	0.00	0.00
Al_2O_3	0.01	0.00	0.00	0.01	0.01	0.00	0.00	0.01	0.01	0.02	0.01	0.00	0.01

续表S5

No.	7-12	14-19	16-20	22-25	24-29	29-33a	29-33b	29-33c	32-35	39-44	43-48	47-50	S01b
Cr_2O_3	0. 05	0. 09	0. 07	0. 00	0. 21	0. 15	0. 00	0. 00	0. 08	0. 19	0. 11	0. 00	0. 00
FeO	6. 66	7. 46	6. 24	7. 76	5. 63	5. 78	6. 00	6. 93	6. 21	5. 58	6. 61	7. 22	9. 23
MnO	0. 23	0. 18	0. 13	0. 12	0. 06	0. 17	0. 00	0. 08	0. 00	0. 00	0. 10	0. 14	0. 14
MgO	52. 23	52. 17	52. 39	51. 96	53. 56	52. 77	52. 96	51. 83	53. 11	53. 99	52. 84	52. 44	51. 32
CaO	0. 03	0. 03	0. 05	0. 05	0. 01	0. 01	0. 02	0. 01	0. 03	0. 00	0. 02	0. 03	0. 07
Na_2O	0. 01	0. 00	0. 00	0. 00	0. 00	0. 02	0. 00	0. 01	0. 03	0. 00	0. 01	0. 02	0. 00
K_2O	0. 00	0. 00	0. 00	0. 00	0. 00	0. 00	0. 00	0. 00	0. 00	0. 00	0. 00	0. 00	0. 00
NiO	0. 42	0. 24	0. 49	0. 42	0. 45	0. 33	0. 65	0. 49	0. 45	0. 70	0. 42	0. 28	0. 376
BaO	0. 01	0. 00	0. 10	0. 00	0. 00	0. 01	0. 16	0. 02	0. 09	0. 00	0. 00	0. 00	0. 01
Total	100. 90	101. 64	100. 62	101. 54	101. 12	100. 75	101. 29	100. 09	101. 61	101. 74	101. 18	101. 29	101. 55
Fo	93. 3	92. 6	93. 7	92. 3	94. 4	94. 2	94. 0	93. 0	93. 8	94. 5	93. 4	92. 8	90. 8

Fo is forsterite in mol%.

表 S6 条带状样品中石榴子石的主要氧化物含量(%)与主要元素含量(10^{-6})

No.	gr-1	gr3-1	gr3-2	gr3-3	gr3-5	gr3-6	gr3-7	gr3-8	gr3-9	gr3-10	gr4-1	gr4-2	gr4-4	gr3-1	gr1-1	gr1-2
SiO_2	37. 91	39. 31	38. 84	38. 76	38. 05	38. 44	39. 20	39. 41	38. 57	38. 75	37. 88	37. 97	38. 30	38. 26	38. 38	38. 56
TiO_2	0. 16	0. 09	0. 00	0. 04	0. 00	0. 00	0. 02	0. 03	0. 05	0. 05	0. 40	0. 55	0. 45	0. 02	0. 49	0. 50
Al_2O_3	22. 05	20. 95	20. 10	19. 91	18. 96	19. 21	22. 34	22. 38	19. 92	20. 21	20. 18	19. 61	20. 48	22. 13	19. 42	19. 23

续表S6

No.	gr-1	gr3-1	gr3-2	gr3-3	gr3-5	gr3-6	gr3-7	gr3-8	gr3-9	gr3-10	gr4-1	gr4-2	gr4-4	gr3-1	gr1-1	gr1-2
Cr_2O_3	0.76	1.39	2.37	2.53	3.38	2.90	0.22	0.13	2.50	1.91	2.55	2.71	1.97	0.48	3.65	3.78
FeO^T	0.22	1.14	1.03	0.90	1.02	1.14	0.24	0.24	1.19	1.10	0.81	0.65	0.64	0.26	0.28	0.07
MnO	0.02	0.06	0.00	0.08	0.00	0.08	0.00	0.04	0.00	0.00	0.00	0.06	0.06	0.08	0.00	0.00
MgO	0.11	0.10	0.08	0.06	0.09	0.08	0.00	0.04	0.09	0.10	0.04	0.08	0.05	0.06	0.06	0.07
CaO	37.50	37.35	36.78	37.13	36.95	36.82	37.48	37.68	37.10	37.18	37.18	37.08	37.21	37.80	37.13	37.02
Total	98.72	100.38	99.21	99.40	98.44	98.66	99.49	99.95	99.41	99.30	99.04	98.70	99.15	99.09	99.41	99.22
Pyrope	0.4	0.4	0.3	0.2	0.3	0.3	0.0	0.2	0.3	0.4	0.2	0.3	0.2	0.2	0.2	0.3
Grossular	94.4	91.0	88.7	88.0	84.4	85.8	97.5	97.4	87.2	89.1	88.0	87.6	90.3	94.9	86.6	87.0
Andradite	9.1	6.6	5.8	7.1	9.5	8.2	4.3	4.6	8.4	7.9	8.9	7.7	7.1	9.5	5.2	3.4
Uvarovite	2.2	4.0	7.0	7.5	10.1	8.7	0.6	0.4	7.3	5.6	7.4	8.1	5.8	1.4	10.9	11.5

No.	a1-3	a2-1	a2-2	a3-1	a3-2	a4-1	a4-2	a6-1	a6-2	a3-1	a3-2	a3-4	a3-3	gr7-1	gr7-2
SiO_2	38.24	38.90	38.78	38.33	38.43	37.96	38.88	38.41	38.61	38.85	38.33	38.47	38.24	38.48	38.55
TiO_2	0.53	0.17	0.18	0.19	0.27	0.41	0.39	0.21	0.27	0.21	0.22	0.29	0.32	0.18	0.12
Al_2O_3	18.80	21.65	21.92	19.74	19.39	19.82	20.42	20.84	20.93	20.19	20.33	19.90	19.89	20.77	21.17
Cr_2O_3	4.09	0.98	0.59	3.40	3.86	3.30	2.55	2.44	2.20	2.91	2.80	3.17	3.13	1.49	1.24
FeO^T	0.37	0.08	0.27	0.22	0.21	0.17	0.18	0.28	0.21	0.21	0.19	0.28	0.18	1.04	0.81
MnO	0.00	0.01	0.02	0.00	0.06	0.09	0.02	0.03	0.00	0.00	0.03	0.00	0.00	0.00	0.12

续表 S6

No.	a1-3	a2-1	a2-2	a3-1	a3-2	a4-1	a4-2	a6-1	a6-2	a3-1	a3-2	a3-4	a3-3	gr7-1	gr7-2
MgO	0. 08	0. 08	0. 10	0. 06	0. 07	0. 07	0. 08	0. 14	0. 13	0. 15	0. 07	0. 09	0. 09	0. 10	0. 12
CaO	36. 60	37. 24	37. 39	37. 40	36. 43	36. 97	36. 87	37. 13	36. 83	36. 72	36. 96	36. 65	36. 69	36. 93	36. 99
Total	98. 70	99. 10	99. 24	99. 33	98. 73	98. 78	99. 38	99. 49	99. 18	99. 23	98. 93	98. 84	98. 55	98. 98	99. 11
Pyrope	0. 3	0. 3	0. 4	0. 2	0. 3	0. 3	0. 3	0. 5	0. 5	0. 6	0. 3	0. 3	0. 4	0. 4	0. 5
Grossular	85. 2	95. 4	95. 6	87. 1	86. 7	87. 5	90. 9	89. 9	91. 5	89. 5	89. 4	88. 5	88. 6	90. 8	91. 8
Andradite	3. 9	4. 0	5. 7	7. 0	2. 8	6. 2	2. 3	6. 2	3. 8	2. 7	5. 2	3. 5	4. 3	7. 3	7. 2
Uvarovite	12. 4	2. 9	1. 7	10. 1	11. 6	9. 8	7. 6	7. 1	6. 4	8. 7	8. 3	9. 5	9. 4	4. 4	3. 6

Total Fe as FeO^T.

表 S7　条带状样品中石榴子石的微量元素含量($\times10^{-6}$)

	gr-1	gr3-1	gr3-2	gr3-3	gr3-5	gr3-6	gr3-7	gr3-8	gr3-9	gr3-10	gr4-1	gr4-2	gr4-4	gr3-1	gr1-1	gr1-2
Cs	bd	0. 002	0. 002	0. 004	bd	bd	bd	bd	bd	bd	bd	bd	bd	bd	bd	bd
Rb	bd	bd	bd	bd	bd	bd	bd	0. 002	bd	bd	0. 002	bd	0. 000	bd	bd	bd
Ba	0. 078	bd	0. 021	0. 007	0. 027	bd	bd	0. 111	bd	0. 010	0. 174	0. 213	0. 713	0. 035	0. 057	0. 117
Th	bd	0. 003	0. 010	0. 001	0. 010	0. 001	bd	bd	0. 001	bd	0. 009	0. 019	0. 005	bd	0. 001	0. 006
U	0. 002	bd	bd	0. 000	0. 002	0. 002	bd	bd	bd	bd	0. 016	0. 010	0. 012	bd	0. 003	0. 014
Nb	0. 052	0. 041	0. 034	0. 060	0. 054	0. 063	0. 017	0. 009	0. 057	0. 020	0. 232	0. 298	0. 128	0. 015	0. 216	0. 247
Ta	bd	bd	bd	bd	bd	bd	bd	bd	bd	0. 001	0. 012	0. 009	0. 007	0. 001	0. 006	0. 006

续表S7

	gr-1	gr3-1	gr3-2	gr3-3	gr3-5	gr3-6	gr3-7	gr3-8	gr3-9	gr3-10	gr4-1	gr4-2	gr4-4	gr3-1	gr1-1	gr1-2
La	0. 529	0. 091	0. 248	0. 482	0. 483	0. 473	0. 502	0. 131	0. 423	0. 731	0. 582	0. 887	0. 571	2. 753	0. 185	0. 124
Ce	0. 287	0. 457	1. 114	1. 676	1. 349	2. 005	0. 809	0. 233	1. 681	0. 985	1. 775	2. 927	2. 040	2. 923	0. 381	0. 327
Pb	bd	0. 000	0. 050	0. 005	0. 009	0. 016	bd	0. 000	0. 005	0. 003	0. 022	0. 013	0. 013	0. 011	0. 016	0. 005
Pr	0. 022	0. 087	0. 115	0. 160	0. 189	0. 258	0. 108	0. 041	0. 204	0. 095	0. 281	0. 410	0. 303	0. 321	0. 059	0. 047
Sr	0. 306	0. 623	0. 014	0. 046	0. 083	0. 028	0. 052	0. 088	0. 011	0. 039	0. 336	0. 361	1. 268	0. 243	0. 535	1. 309
Nd	0. 171	0. 822	0. 502	0. 492	0. 533	1. 045	0. 407	0. 053	0. 828	0. 415	0. 930	1. 516	1. 469	1. 282	0. 313	0. 102
Sm	0. 013	0. 193	0. 035	0. 072	0. 069	0. 160	0. 152	0. 006	0. 087	0. 067	0. 032	0. 320	0. 423	0. 200	bd	0. 012
Zr	0. 304	0. 936	0. 259	0. 081	0. 162	0. 273	0. 196	0. 062	0. 072	0. 201	0. 944	2. 570	1. 971	0. 324	2. 270	1. 242
Hf	0. 001	0. 015	bd	bd	bd	bd	bd	bd	bd	bd	0. 008	0. 029	0. 073	bd	0. 051	0. 042
Eu	0. 113	0. 247	0. 043	0. 065	0. 108	0. 138	0. 095	0. 008	0. 136	0. 102	0. 185	0. 420	0. 295	0. 095	0. 619	0. 347
Gd	bd	0. 298	0. 114	0. 054	0. 093	0. 175	0. 151	0. 033	0. 113	0. 079	0. 121	0. 397	0. 629	0. 397	0. 087	0. 035
Tb	0. 001	0. 036	0. 002	0. 012	0. 008	0. 005	0. 031	0. 006	0. 002	0. 010	0. 025	0. 060	0. 057	0. 068	0. 009	0. 005
Dy	0. 031	0. 249	0. 030	0. 012	0. 011	0. 056	0. 226	0. 015	0. 038	0. 081	0. 137	0. 438	0. 719	0. 514	0. 114	0. 067
Li	0. 353	1. 553	0. 038	0. 040	bd	0. 009	0. 033	0. 019	bd	bd	bd	0. 054	0. 596	0. 034	0. 102	0. 177
Ho	0. 015	0. 059	0. 002	bd	0. 005	0. 016	0. 043	0. 004	0. 011	0. 032	0. 024	0. 101	0. 137	0. 158	0. 030	0. 014
Er	0. 014	0. 159	0. 015	bd	bd	0. 046	0. 027	bd	0. 010	0. 051	0. 040	0. 108	0. 329	0. 445	0. 075	0. 117
Tm	0. 009	0. 017	0. 001	bd	bd	0. 007	0. 022	bd	bd	0. 017	0. 003	0. 018	0. 054	0. 093	0. 006	0. 006
Yb	0. 017	0. 139	0. 004	bd	bd	0. 005	0. 077	bd	0. 013	0. 036	0. 003	0. 176	0. 299	0. 488	0. 055	0. 098
Lu	0. 001	0. 020	0. 000	bd	bd	0. 006	0. 011	bd	0. 002	0. 007	0. 009	0. 007	0. 048	0. 116	0. 015	0. 014

续表 S7

	a1-3	a2-1	a2-2	a3-1	a3-2	a4-1	a4-2	a6-1	a6-2	a3-1	a3-2	a3-4	a3-3	gr7-1	gr7-2
Cs	bd	bd	bd	bd	bd	bd	bd	bd	0.003	bd	0.001	bd	0.004	bd	bd
Rb	0.022	bd	bd	bd	bd	0.002	0.014	bd	0.006	bd	bd	bd	bd	bd	bd
Ba	0.031	0.062	0.034	0.024	bd	0.015	0.084	0.100	0.073	0.135	0.067	0.134	0.374	0.203	0.162
Th	0.005	0.001	0.001	0.007	0.005	0.001	0.003	0.007	0.014	0.008	bd	0.001	0.002	0.008	0.000
U	0.012	bd	0.002	0.004	0.000	0.001	bd	0.000	0.001	0.005	0.003	0.004	0.001	0.012	0.003
Nb	0.271	0.051	0.065	0.131	0.100	0.147	0.091	0.170	0.159	0.131	0.098	0.102	0.077	0.307	0.092
Ta	0.024	bd	bd	0.003	bd	0.007	bd	0.005	0.009	0.001	0.000	0.005	0.002	0.003	0.000
La	0.250	0.053	0.186	0.248	0.233	0.267	0.119	0.279	0.234	0.263	0.310	0.231	0.156	1.182	0.924
Ce	0.510	0.073	0.911	0.619	0.616	0.498	0.371	0.590	0.496	0.724	0.351	0.422	0.375	4.189	2.277
Pb	0.001	0.023	0.076	0.018	0.054	bd	0.025	0.003	0.047	0.010	0.078	0.037	0.096	0.315	0.049
Pr	0.044	bd	0.087	0.076	0.092	0.043	0.045	0.047	0.066	0.083	0.039	0.028	0.040	0.567	0.201
Sr	0.482	0.280	0.261	0.015	0.017	0.017	0.239	0.067	0.227	1.295	0.752	0.691	1.097	1.944	0.212
Nd	0.150	0.019	0.176	0.452	0.310	0.153	0.083	0.204	0.202	0.365	0.089	0.186	0.162	2.047	0.582
Sm	0.006	bd	bd	0.025	0.069	bd	bd	bd	0.046	0.162	bd	0.047	0.035	0.522	0.110
Zr	2.047	0.111	0.309	0.599	0.978	0.276	0.310	1.275	1.324	0.838	0.603	0.482	1.039	1.679	0.330
Hf	0.077	bd	0.010	0.018	0.014	0.004	0.004	0.010	0.004	0.020	0.001	0.006	0.015	0.013	0.007
Eu	0.593	0.015	0.074	0.157	0.113	0.175	0.150	0.209	0.250	0.175	0.087	0.122	0.160	0.573	0.165

续表S7

	a1-3	a2-1	a2-2	a3-1	a3-2	a4-1	a4-2	a6-1	a6-2	a3-1	a3-2	a3-4	a3-3	gr7-1	gr7-2
Gd	0. 041	0. 003	0. 002	0. 058	0. 012	0. 007	0. 016	bd	bd	0. 054	bd	0. 085	0. 084	0. 581	0. 116
Tb	0. 003	bd	bd	0. 003	0. 006	0. 002	bd	bd	bd	0. 010	bd	0. 012	0. 014	0. 087	0. 020
Dy	0. 075	0. 013	0. 021	0. 067	0. 151	0. 024	0. 047	0. 004	0. 030	0. 098	0. 052	0. 116	0. 165	0. 656	0. 155
Li	0. 116	0. 080	0. 075	0. 187	0. 142	0. 113	0. 105	0. 322	0. 239	0. 141	0. 880	0. 413	9. 064	0. 437	0. 011
Ho	0. 015	0. 001	0. 007	0. 015	0. 018	0. 004	0. 005	0. 001	0. 001	0. 014	0. 016	0. 018	0. 032	0. 124	0. 025
Er	0. 030	bd	0. 033	0. 026	0. 045	bd	bd	bd	0. 007	0. 046	0. 051	0. 066	0. 117	0. 397	0. 038
Tm	0. 002	bd	0. 002	bd	bd	bd	0. 004	bd	0. 005	0. 006	0. 005	0. 008	0. 012	0. 036	0. 007
Yb	0. 018	0. 020	0. 029	0. 046	0. 025	0. 012	0. 010	0. 001	0. 001	0. 043	0. 042	0. 046	0. 128	0. 285	0. 081
Lu	0. 001	0. 002	bd	0. 003	0. 003	bd	0. 002	0. 001	0. 001	0. 006	0. 011	0. 011	0. 015	0. 029	0. 004

bd means below detection limit.

表 S8　条带状样品中透辉石的主要氧化物含量(%)与主要元素含量(10^{-6})

No.	1	2	4	6	7	8	10	15	17	18	19	20	21	22
SiO_2	52. 34	52. 68	52. 45	52. 08	52. 28	52. 34	52. 67	52. 34	52. 72	51. 98	52. 11	51. 98	51. 11	51. 26
TiO_2	0. 34	0. 24	0. 21	0. 26	0. 25	0. 31	0. 26	0. 33	0. 35	0. 25	0. 31	0. 30	0. 29	0. 34
Al_2O_3	2. 82	2. 64	2. 84	3. 09	3. 01	2. 99	2. 84	3. 06	2. 60	2. 95	3. 07	3. 29	3. 46	3. 07
Cr_2O_3	1. 46	1. 17	1. 26	1. 43	1. 34	1. 46	1. 34	1. 54	1. 30	1. 48	1. 62	1. 27	1. 65	1. 33

续表S8

No.	1	2	4	6	7	8	10	15	17	18	19	20	21	22
FeO	1.83	1.91	1.89	2.08	1.98	2.05	2.25	2.38	2.10	2.15	2.45	2.30	2.33	2.17
MnO	0.03	0.07	0.12	0.10	0.15	0.10	0.11	0.03	0.05	0.09	0.01	0.00	0.06	0.09
MgO	17.07	17.27	17.40	17.00	17.14	17.26	18.08	17.09	17.47	17.17	17.32	16.98	17.75	16.90
CaO	23.42	23.16	23.19	23.02	22.78	22.73	22.32	22.99	23.35	23.02	22.67	23.01	21.06	23.11
Na_2O	0.50	0.52	0.54	0.55	0.47	0.53	0.50	0.56	0.49	0.49	0.45	0.50	0.66	0.53
K_2O	0.02	0.03	0.01	0.01	0.00	0.00	0.03	0.02	0.03	0.00	0.02	0.01	0.00	0.00
Total	99.84	99.70	99.90	99.62	99.40	99.75	100.39	100.33	100.45	99.58	100.02	99.64	98.37	98.80
Mg#	1.00	0.99	1.02	1.00	0.98	0.99	1.00	0.99	1.00	1.00	0.98	0.99	1.01	1.02
En	0.50	0.51	0.51	0.51	0.51	0.51	0.53	0.51	0.51	0.51	0.51	0.50	0.54	0.51
Fs	0.00	0.00	-0.01	0.00	0.01	0.01	0.00	0.00	0.00	0.00	0.01	0.01	-0.01	-0.01
Wo	0.50	0.49	0.49	0.49	0.48	0.48	0.47	0.49	0.49	0.49	0.48	0.49	0.46	0.50
No.	23	24	26	27	31	32	35	36	37	38	39	40	42	43
SiO_2	52.39	51.97	50.96	51.59	51.90	51.68	51.94	52.20	51.95	51.96	52.17	51.74	52.15	52.29
TiO_2	0.23	0.31	0.27	0.28	0.35	0.27	0.26	0.28	0.27	0.30	0.25	0.33	0.22	0.27
Al_2O_3	2.76	2.56	2.98	2.79	3.16	3.28	2.85	3.02	3.16	3.12	2.59	2.94	2.93	2.76
Cr_2O_3	1.33	1.16	1.41	1.32	1.49	1.73	1.22	1.49	1.66	1.55	1.55	1.38	1.26	1.11
FeO	2.17	1.97	2.38	2.06	2.18	2.31	2.15	2.18	2.59	1.99	2.11	2.07	2.22	2.42

续表 S8

No.	23	24	26	27	31	32	35	36	37	38	39	40	42	43
MnO	0.06	0.05	0.16	0.05	0.11	0.04	0.03	0.06	0.10	0.18	0.05	0.06	0.06	0.07
MgO	17.42	17.42	16.99	16.90	17.05	17.23	17.37	17.06	17.82	16.77	17.42	16.80	16.85	17.17
CaO	23.13	23.08	22.66	23.00	22.80	22.62	22.82	23.13	21.64	23.22	22.55	23.28	23.64	22.99
Na_2O	0.52	0.51	0.60	0.55	0.50	0.50	0.52	0.56	0.44	0.61	0.49	0.58	0.54	0.57
K_2O	0.03	0.01	0.00	0.03	0.02	0.02	0.02	0.00	0.01	0.02	0.01	0.01	0.00	0.01
Total	100.03	99.03	98.41	98.57	99.56	99.68	99.16	99.97	99.63	99.71	99.17	99.19	99.87	99.67
Mg#	1.01	1.02	1.04	1.01	0.99	1.00	1.01	1.00	0.98	1.01	0.99	1.01	1.01	1.00
En	0.52	0.52	0.52	0.51	0.51	0.51	0.52	0.51	0.53	0.50	0.52	0.50	0.50	0.51
Fs	-0.01	-0.01	-0.02	-0.01	0.00	0.00	-0.01	0.00	0.01	-0.01	0.01	-0.01	-0.01	0.00
Wo	0.49	0.49	0.50	0.50	0.49	0.49	0.49	0.49	0.46	0.50	0.48	0.50	0.50	0.49

Mg# = Mg/(Mg+Fe^{2+}) atomic ratio.

表 S9 条带状样品中透辉石的微量和稀土元素含量($\times 10^{-6}$)

	1	2	4	6	7	8	10	15	17	18	19	20	21	22
Cs	bd	bd	bd	bd	bd	bd	bd	bd	bd	bd	bd	bd	bd	bd
Rb	0.003	bd	bd	bd	bd	bd	0.002	bd	bd	0.012	bd	bd	bd	bd
Ba	0.100	bd	bd	bd	bd	bd	bd	0.043	bd	0.025	0.008	0.016	bd	0.027
Th	0.010	0.009	0.009	0.016	0.011	0.024	0.021	0.015	0.038	0.021	0.023	0.027	0.014	0.018

续表S9

	1	2	4	6	7	8	10	15	17	18	19	20	21	22
U	0.004	0.001	0.001	0.003	bd	0.001	0.002	0.003	0.004	0.002	0.002	0.000	0.003	0.003
Nb	0.046	0.058	0.056	0.060	0.046	0.041	0.047	0.082	0.052	0.060	0.053	0.057	0.046	0.042
Ta	0.005	0.001	bd	0.002	0.002	bd	0.004	0.001	0.002	0.004	0.005	0.002	0.002	0.001
La	0.716	0.665	0.727	0.649	0.768	0.676	0.785	0.731	0.810	0.703	0.806	0.821	0.757	0.672
Ce	3.060	3.345	3.248	3.348	3.288	3.134	3.499	3.296	3.457	3.271	3.506	3.238	3.309	3.204
Pb	0.103	0.021	0.031	0.022	0.772	0.009	0.010	0.013	0.019	0.025	0.026	0.019	0.003	0.023
Pr	0.795	0.848	0.840	0.868	0.853	0.741	0.839	0.795	0.865	0.858	0.877	0.741	0.795	0.781
Sr	8.344	5.841	5.606	5.511	5.685	5.757	5.760	7.043	6.062	5.794	5.684	5.829	5.723	5.516
Nd	5.869	6.061	6.750	5.769	6.123	4.870	6.168	5.703	5.943	6.097	6.322	5.536	6.446	6.058
Sm	2.722	2.586	2.842	2.743	3.014	2.396	2.920	2.971	2.834	2.908	3.131	2.598	2.902	2.883
Zr	32.658	27.125	24.729	30.470	27.412	15.964	23.966	27.248	25.033	25.941	29.131	18.679	32.864	24.531
Hf	1.139	0.591	0.636	0.976	0.942	0.325	0.631	0.956	0.670	0.835	1.029	0.467	1.067	0.586
Eu	0.844	0.896	0.964	0.873	0.882	0.691	0.811	0.861	0.898	0.823	0.901	0.806	0.943	0.792
Gd	4.609	4.782	4.457	4.735	4.693	3.596	4.766	4.325	4.776	5.332	5.026	3.728	5.444	4.856
Tb	0.868	0.857	0.847	0.836	0.851	0.672	0.887	0.817	0.890	0.928	0.898	0.763	0.969	0.860
Dy	6.269	6.414	6.718	6.353	6.114	5.225	6.261	6.362	6.520	7.172	7.370	5.816	7.244	6.733
Li	1.774	1.163	1.102	1.024	0.998	1.041	1.025	1.445	1.342	1.356	1.100	1.397	1.016	1.135
Ho	1.305	1.334	1.418	1.445	1.417	1.088	1.400	1.341	1.422	1.437	1.516	1.255	1.630	1.481

续表S9

	1	2	4	6	7	8	10	15	17	18	19	20	21	22
Er	3. 673	3. 848	3. 999	4. 001	3. 840	3. 328	3. 950	3. 791	3. 979	4. 319	4. 385	3. 764	4. 447	4. 262
Tm	0. 502	0. 543	0. 544	0. 539	0. 517	0. 459	0. 576	0. 486	0. 597	0. 625	0. 606	0. 561	0. 612	0. 579
Yb	3. 399	3. 372	3. 375	3. 448	3. 568	3. 095	3. 445	3. 232	3. 705	3. 868	3. 660	3. 598	3. 879	3. 846
Lu	0. 465	0. 493	0. 456	0. 506	0. 503	0. 414	0. 466	0. 495	0. 546	0. 520	0. 532	0. 499	0. 541	0. 552

	23	24	26	27	31	32	35	36	37	38	39	40	42	43
Cs	bd	bd	0. 000	bd	bd	bd	bd	bd	bd	0. 003	bd	bd	bd	bd
Rb	0. 268	bd	bd	bd	bd	bd	0. 003	bd	bd	bd	bd	bd	bd	bd
Ba	0. 026	bd	bd	0. 012	0. 136	0. 025	bd	0. 030	0. 001	0. 032	bd	0. 016	0. 011	bd
Th	0. 010	0. 021	0. 021	0. 015	0. 010	0. 022	0. 023	0. 012	0. 022	0. 030	0. 016	0. 014	0. 021	0. 016
U	0. 002	0. 002	0. 000	0. 001	0. 003	0. 002	0. 002	bd	0. 004	0. 002	0. 002	bd	0. 000	0. 003
Nb	0. 057	0. 038	0. 050	0. 050	0. 050	0. 082	0. 038	0. 051	0. 055	0. 082	0. 057	0. 038	0. 065	0. 056
Ta	0. 002	0. 002	0. 001	0. 002	0. 006	0. 003	0. 003	0. 007	0. 001	0. 005	0. 002	0. 002	0. 006	0. 004
La	0. 755	0. 686	0. 780	0. 657	0. 716	0. 763	0. 763	0. 765	0. 768	0. 786	0. 774	0. 776	0. 762	0. 821
Ce	3. 140	3. 184	3. 308	3. 154	3. 246	3. 383	3. 372	3. 406	3. 286	3. 514	3. 600	3. 662	3. 604	3. 426
Pb	0. 038	0. 035	0. 013	0. 029	0. 038	0. 028	0. 008	0. 015	0. 006	0. 047	0. 032	0. 027	0. 008	0. 019
Pr	0. 787	0. 838	0. 894	0. 842	0. 869	0. 874	0. 843	0. 853	0. 791	0. 911	0. 873	0. 886	0. 923	0. 886

续表 S9

	23	24	26	27	31	32	35	36	37	38	39	40	42	43
Sr	6. 826	5. 523	5. 594	5. 516	8. 167	5. 851	5. 826	5. 830	5. 998	5. 943	5. 435	5. 921	7. 546	5. 644
Nd	5. 942	6. 110	6. 371	6. 017	6. 295	6. 519	6. 388	6. 052	5. 890	6. 523	6. 291	6. 435	6. 931	6. 329
Sm	2. 987	2. 936	3. 246	3. 060	2. 863	3. 280	3. 038	3. 070	2. 863	3. 203	2. 748	2. 978	3. 345	3. 055
Zr	27. 228	25. 819	28. 603	30. 877	27. 654	28. 898	26. 832	26. 903	23. 350	29. 670	30. 620	28. 933	33. 945	32. 134
Hf	0. 956	0. 744	0. 882	1. 083	0. 752	0. 819	0. 762	0. 741	0. 665	0. 921	0. 949	0. 883	0. 955	1. 049
Eu	0. 832	0. 881	0. 916	0. 903	0. 897	0. 904	0. 880	0. 872	0. 862	0. 915	0. 951	0. 893	0. 991	0. 948
Gd	4. 909	4. 533	5. 462	4. 719	4. 951	4. 878	5. 194	4. 784	4. 227	5. 002	4. 747	4. 545	5. 018	5. 001
Tb	0. 940	0. 956	1. 015	0. 939	0. 966	1. 000	0. 957	0. 861	0. 799	0. 889	0. 870	0. 854	0. 960	0. 915
Dy	7. 151	6. 819	7. 564	6. 968	6. 946	7. 330	6. 798	6. 664	6. 312	6. 682	6. 340	6. 462	7. 231	6. 894
Li	1. 107	0. 944	0. 999	0. 892	2. 897	1. 507	0. 924	1. 257	1. 684	1. 282	1. 137	1. 138	1. 574	1. 035
Ho	1. 527	1. 496	1. 547	1. 470	1. 480	1. 563	1. 486	1. 461	1. 283	1. 414	1. 326	1. 343	1. 523	1. 453
Er	4. 220	4. 371	4. 416	4. 207	4. 361	4. 455	4. 597	4. 078	3. 699	3. 950	3. 703	3. 648	4. 337	4. 248
Tm	0. 594	0. 597	0. 619	0. 593	0. 622	0. 634	0. 609	0. 567	0. 529	0. 554	0. 524	0. 544	0. 632	0. 567
Yb	3. 619	3. 788	4. 117	3. 765	3. 845	4. 065	3. 831	3. 672	3. 551	3. 599	3. 422	3. 425	3. 633	3. 658
Lu	0. 524	0. 492	0. 579	0. 519	0. 536	0. 543	0. 510	0. 516	0. 492	0. 486	0. 495	0. 479	0. 515	0. 516

bd means below detection limit.

表 S10　条带状样品中韭闪石包裹体的主量元素含量(%)

No.	7-12 -1	7-12 -2	7-12 -3	7-12 -4	7-12 -5	7-12 -6	7-12 -7	12-16 -1	12-16 -2	12-16 -3	12-16 -4	12-16 -5	12-16 -6	16-20 -1	16-20 -2
SiO_2	43.70	43.70	43.41	43.82	43.66	43.42	42.72	43.86	43.68	42.90	46.36	42.71	42.47	44.50	48.34
TiO_2	3.04	2.98	2.99	2.95	2.44	2.37	2.20	2.60	2.91	2.46	2.57	2.43	2.59	2.83	0.67
Al_2O_3	11.89	11.67	12.04	11.59	11.94	11.93	13.73	10.75	11.45	11.89	10.88	12.06	12.76	11.27	9.22
Cr_2O_3	2.56	2.83	2.64	2.87	2.60	2.80	1.87	1.80	2.33	2.59	1.98	1.54	2.21	2.69	1.91
FeO^T	3.24	3.48	3.38	2.96	3.06	3.09	3.58	3.28	3.22	3.06	2.56	3.01	3.15	2.87	2.12
MnO	0.26	0.09	0.04	0.08	0.06	0.06	0.00	0.10	0.04	0.07	0.04	0.16	0.02	0.06	0.00
MgO	18.51	18.26	18.57	18.17	18.30	18.34	18.16	18.00	18.30	18.30	20.06	17.95	17.84	18.74	21.04
CaO	11.98	12.14	12.02	11.79	11.76	11.69	11.52	10.87	11.50	11.89	11.91	12.42	12.59	11.64	12.91
Na_2O	3.26	3.22	3.17	2.94	3.20	3.18	3.61	3.54	3.58	3.14	2.53	2.46	2.92	3.22	2.14
K_2O	0.07	0.08	0.07	0.07	0.05	0.06	0.05	0.17	0.07	0.10	0.15	0.14	0.14	0.05	0.05
NiO	0.12	0.12	0.01	0.17	0.08	0.08	0.11	0.21	0.07	0.14	0.00	0.22	0.23	0.02	0.04
BaO	0.00	0.00	0.13	0.00	0.14	0.19	0.00	0.00	0.13	0.00	0.04	0.14	0.13	0.00	0.00
Total	98.64	98.57	98.47	97.42	97.28	97.19	97.54	95.16	97.26	96.54	99.08	95.25	97.04	97.89	98.43
($Al+Fe^{3+}+2Ti+Cr$)(C)	1.37	1.28	1.39	1.39	1.32	1.36	1.42	1.24	1.25	1.32	1.21	1.21	1.18	1.35	0.78
($Na+K+2Ca$)(A)	0.70	0.73	0.69	0.61	0.68	0.67	0.77	0.71	0.76	0.71	0.54	0.65	0.77	0.64	0.55

续表 S10

No.	22-24-1	22-24-2	22-24-3	22-24-4	29-33-1	29-33-2	29-33-3	29-33-4	29-33-5	39-44	43-48-1	43-48-2	43-48-3	43-48-4	47-50
SiO_2	42. 13	44. 90	47. 82	42. 96	43. 80	43. 40	42. 93	43. 28	43. 99	45. 69	44. 27	44. 26	44. 27	44. 06	43. 90
TiO_2	2. 85	2. 85	2. 42	3. 08	2. 76	2. 88	2. 81	3. 03	2. 70	2. 51	3. 10	1. 99	1. 92	2. 49	2. 98
Al_2O_3	12. 66	11. 71	8. 74	12. 62	11. 79	12. 04	12. 06	11. 64	10. 85	11. 23	11. 43	11. 58	11. 28	11. 63	12. 12
Cr_2O_3	2. 57	3. 08	2. 26	2. 41	2. 58	2. 90	2. 51	2. 76	2. 34	2. 71	2. 66	2. 81	2. 98	2. 58	2. 79
FeO^T	3. 69	2. 73	3. 08	2. 78	2. 95	3. 23	3. 30	2. 99	3. 30	2. 46	2. 96	2. 99	2. 83	3. 00	2. 96
MnO	0. 06	0. 03	0. 03	0. 00	0. 02	0. 00	0. 04	0. 10	0. 09	0. 00	0. 02	0. 08	0. 00	0. 00	0. 02
MgO	17. 53	18. 72	22. 80	18. 05	18. 66	18. 39	18. 22	18. 50	18. 67	19. 52	18. 86	18. 75	18. 92	18. 92	18. 34
CaO	12. 56	11. 92	9. 39	12. 13	11. 70	11. 27	11. 45	11. 88	11. 08	11. 78	12. 03	11. 07	10. 90	12. 24	11. 71
Na_2O	3. 18	3. 10	2. 40	3. 16	3. 11	3. 28	3. 35	3. 40	3. 40	3. 26	3. 04	3. 47	3. 60	3. 13	3. 20
K_2O	0. 11	0. 08	0. 05	0. 15	0. 03	0. 02	0. 05	0. 04	0. 06	0. 02	0. 08	0. 07	0. 01	0. 01	0. 08
NiO	0. 11	0. 11	0. 06	0. 11	0. 06	0. 06	0. 15	0. 18	0. 10	0. 12	0. 13	0. 15	0. 19	0. 06	0. 01
BaO	0. 22	0. 00	0. 00	0. 02	0. 00	0. 00	0. 04	0. 00	0. 02	0. 02	0. 14	0. 00	0. 16	0. 15	0. 01
Total	97. 67	99. 23	99. 05	97. 46	97. 45	97. 46	96. 90	97. 78	96. 60	99. 33	98. 72	97. 21	97. 04	98. 26	98. 13
$Al+Fe^{3+}+2Ti+Cr$(C)	1. 16	1. 37	1. 10	1. 29	1. 37	1. 46	1. 42	1. 32	1. 33	1. 25	1. 34	1. 29	1. 25	1. 25	1. 41
Na+K+2Ca(A)	0. 55	0. 84	0. 62	0. 51	0. 75	0. 65	0. 65	0. 69	0. 74	0. 67	0. 65	0. 65	0. 70	0. 72	0. 70

Total Fe as FeO^T. $AB_2C_5T_8O_{22}W_2$ is the general chemical formula of the amphibole supergroup. ($Al+Fe^{3+}+2Ti+Cr$) (C) is the atom number of these cations as C cations. (Na+K+2Ca) (A) is the atom number of these cations as A cations.

表 S11 OmanDP 样品中角闪石包裹体的主量元素含量(%)

No.	58-3 36-39-1	58-3 36-39-2	58-3 36-39-3	58-3 36-39-4	58-3 39-43-1	58-3 39-43-2	58-3 39-43-3	58-3 39-43-4	58-3 39-43-5	58-3 39-43-6	58-3 39-43-7	59-1 89-93-1	59-1 89-93-2
SiO_2	50.34	55.50	54.90	55.48	56.92	55.53	54.77	45.26	51.84	51.42	52.00	55.06	54.21
TiO_2	0.35	0.15	0.12	0.02	0.00	0.06	0.14	1.07	0.27	0.07	0.37	0.18	0.28
Al_2O_3	6.32	1.40	2.66	1.15	0.90	1.27	2.28	10.42	3.06	6.47	5.20	2.65	3.32
Cr_2O_3	2.62	1.50	1.24	1.59	0.91	0.92	0.85	3.10	1.74	0.94	1.81	1.54	1.75
FeO^T	1.75	1.20	1.33	0.96	1.02	0.92	1.21	2.63	1.69	1.75	1.11	1.13	1.23
MnO	0.00	0.02	0.05	0.03	0.00	0.00	0.07	0.02	0.08	0.00	0.03	0.12	0.00
MgO	21.09	23.50	23.31	23.31	23.97	23.51	23.54	19.98	20.30	21.10	21.84	23.08	22.74
CaO	12.84	13.06	13.02	13.24	12.40	12.91	12.51	11.11	16.21	12.59	12.79	11.60	12.31
Na_2O	1.89	0.55	0.41	0.22	0.42	0.38	0.85	2.57	0.78	0.99	1.23	1.56	1.26
K_2O	0.03	0.03	0.02	0.00	0.04	0.05	0.05	0.22	0.04	0.00	0.03	0.03	0.04
NiO	0.15	0.28	0.19	0.24	0.14	0.11	0.09	0.03	0.15	0.12	0.09	0.11	0.10
BaO	0.01	0.02	0.00	0.00	0.00	0.00	0.00	0.18	0.00	0.03	0.00	0.00	0.05
Total	97.39	97.21	97.26	96.24	96.71	95.65	96.35	96.56	96.16	95.48	96.49	97.05	97.29
$Al+Fe^{3+}+2Ti+Cr$(C)	0.62	0.33	0.31	0.29	0.22	0.22	0.26	1.06	0.22	0.21	0.28	0.35	0.41
Na+K+2Ca(A)	0.44	0.14	0.11	0.06	0.06	0.10	0.20	0.62	0.25	0.62	0.52	0.24	0.23

续表 S11

No.	17-4 7-10-1	17-4 7-10-2	18-1 23-28a-1	18-1 23-28a-2	58-3 39-43-1
SiO_2	42. 83	44. 06	44. 86	45. 23	45. 61
TiO_2	1. 75	1. 46	1. 76	1. 23	0. 35
Al_2O_3	12. 24	10. 65	10. 60	8. 65	11. 18
Cr_2O_3	2. 05	3. 09	3. 75	3. 54	3. 08
FeO^T	2. 52	2. 38	2. 82	2. 12	2. 23
MnO	0. 02	0. 02	0. 03	0. 11	0. 03
MgO	18. 60	18. 68	18. 43	18. 45	19. 90
CaO	10. 43	9. 67	11. 06	9. 75	11. 67
Na_2O	4. 44	4. 15	4. 35	4. 07	2. 46
K_2O	0. 10	0. 04	0. 04	0. 08	0. 47
NiO	0. 00	0. 00	0. 07	0. 00	0. 19
BaO	0. 03	0. 00	0. 01	0. 00	0. 00
Total	94. 99	94. 20	97. 76	93. 23	97. 16
$Al+Fe^{3+}+2Ti+Cr$(C)	1. 21	1. 20	1. 06	1. 09	0. 98
Na+K+2Ca(A)	0. 92	0. 78	0. 89	0. 72	0. 67

Total Fe as FeO^T. $AB_2C_5T_8O_{22}W_2$ is the general chemical formula of the amphibole supergroup. ($Al+Fe^{3+}+2Ti+Cr$) (C) is the atom number of these cations as C cations. (Na+K+2Ca) (A) is the atom number of these cations as A cations.

表 S12　豆荚状样品中角闪石包裹体的主量元素含量(%)

No.	cs1-1	cs1-2	cs1-3	cs1-4	cs3	cs4	cs-5	cs6	cs7	cs8-1	cs8-2	cs8-3	cs10-1
SiO_2	47.71	51.63	53.58	50.09	49.05	52.59	56.78	49.81	52.16	47.52	48.99	50.79	49.80
TiO_2	0.26	0.11	0.12	0.11	0.29	0.18	0.05	0.22	0.10	0.27	0.22	0.20	0.14
Al_2O_3	8.83	6.40	4.27	6.22	6.51	4.37	1.54	7.81	5.42	8.47	8.28	5.92	6.91
Cr_2O_3	3.19	1.89	2.32	2.81	4.00	2.48	1.38	3.57	3.03	3.52	3.01	2.99	4.06
FeO^T	1.81	1.71	1.93	1.39	1.76	0.98	1.04	1.64	1.23	2.12	2.03	1.31	1.48
MnO	0.14	0.08	0.04	0.00	0.06	0.00	0.00	0.04	0.02	0.00	0.05	0.00	0.13
MgO	20.65	22.71	25.07	21.92	21.20	21.67	24.09	21.77	21.99	20.85	21.50	22.48	21.37
CaO	11.10	11.99	9.08	12.46	11.37	8.20	11.87	11.36	10.88	11.39	11.82	11.74	10.77
Na_2O	2.68	2.27	1.64	2.10	2.28	5.26	0.70	2.55	2.16	2.24	2.69	2.68	2.94
K_2O	0.06	0.04	0.00	0.05	0.00	0.06	0.06	0.02	0.05	0.11	0.09	0.05	0.02
NiO	0.22	0.30	0.17	0.12	0.25	0.25	0.22	0.10	0.20	0.06	0.04	0.05	0.21
BaO	0.06	0.00	0.00	0.00	0.03	0.00	0.00	0.00	0.00	0.05	0.00	0.00	0.02
Total	96.69	99.11	98.22	97.27	96.79	96.04	97.74	98.88	97.22	96.59	98.71	98.21	97.86
$Al+Fe^{3+}+2Ti+Cr$(C)	0.82	0.51	0.49	0.52	0.71	0.54	0.28	0.74	0.61	0.82	0.72	0.52	0.71
Na+K+2Ca(A)	0.60	0.52	0.33	0.53	0.50	0.76	0.10	0.55	0.37	0.55	0.62	0.60	0.58

续表 S12

No.	cs10-2	cs10-3	cs10-4	cs11	cs13-1	cs13-2	cs13-3	cs13-4	cs13-5	cs13-6	cs13-7	cs14-1	cs14-2
SiO_2	49.99	46.76	49.11	50.06	48.34	47.88	48.50	50.35	47.43	48.46	55.89	49.51	52.21
TiO_2	0.20	0.32	0.22	0.02	0.37	0.29	0.24	0.21	0.26	0.25	0.01	0.25	0.16
Al_2O_3	6.49	8.77	7.50	6.57	8.42	8.56	8.02	6.47	9.02	8.70	1.48	7.46	5.18
Cr_2O_3	3.59	3.34	3.77	2.64	2.91	2.38	3.51	2.52	3.15	2.90	0.95	2.27	3.18
FeO^T	1.59	2.10	1.67	1.15	1.59	1.72	1.47	1.75	2.14	1.92	1.01	1.30	1.60
MnO	0.06	0.13	0.00	0.06	0.13	0.00	0.00	0.00	0.10	0.03	0.01	0.15	0.07
MgO	21.81	20.62	21.47	22.18	20.96	21.31	21.02	21.99	20.73	21.24	23.75	21.32	23.15
CaO	10.86	11.68	10.25	10.90	12.13	11.47	10.93	11.73	11.38	11.48	12.91	11.83	10.18
Na_2O	2.44	2.65	3.60	2.21	2.73	2.43	2.95	2.12	2.32	2.70	0.56	2.37	2.46
K_2O	0.03	0.03	0.05	0.10	0.04	0.08	0.07	0.01	0.11	0.08	0.05	0.00	0.02
NiO	0.26	0.08	0.23	0.13	0.07	0.14	0.20	0.13	0.13	0.18	0.13	0.31	0.24
BaO	0.00	0.11	0.03	0.04	0.00	0.06	0.02	0.02	0.00	0.08	0.00	0.05	0.09
Total	97.30	96.58	97.87	96.06	97.67	96.31	96.92	97.30	96.78	98.03	96.75	96.82	98.54
$Al+Fe^{3+}+2Ti+Cr$(C)	0.67	0.79	0.73	0.57	0.72	0.71	0.76	0.60	0.84	0.76	0.22	0.63	0.56
Na+K+2Ca(A)	0.51	0.65	0.70	0.50	0.64	0.60	0.62	0.48	0.57	0.62	0.14	0.53	0.46

续表 S12

No.	cs14-3	cs17-1	cs17-2	cs18-1	cs18-2	cs18-3	cs18-4	cs19	cs20-1	cs20-2	cs20-3
SiO_2	51.93	52.54	48.87	47.48	49.72	48.81	56.96	53.17	47.11	46.71	47.14
TiO_2	0.15	0.19	0.28	0.30	0.18	0.19	0.04	0.17	0.22	0.42	0.26
Al_2O_3	5.56	5.22	7.64	9.00	6.87	8.33	1.85	4.02	9.01	9.32	8.95
Cr_2O_3	3.50	2.76	3.44	3.23	3.81	3.01	1.33	1.63	3.02	2.91	3.57
FeO^T	1.26	1.71	1.33	1.70	1.29	2.10	1.31	1.68	2.10	1.46	1.93
MnO	0.10	0.00	0.05	0.00	0.01	0.07	0.09	0.00	0.10	0.00	0.07
MgO	22.96	22.55	20.91	20.82	21.73	21.41	23.48	21.96	20.75	20.58	20.47
CaO	10.16	10.36	11.57	11.76	11.53	11.33	12.86	12.93	11.49	11.94	11.82
Na_2O	2.61	2.64	2.63	2.76	2.84	2.77	0.29	0.32	2.77	2.67	2.58
K_2O	0.04	0.02	0.03	0.05	0.00	0.00	0.06	0.24	0.00	0.00	0.03
NiO	0.24	0.13	0.33	0.15	0.19	0.24	0.22	0.25	0.39	0.31	0.38
BaO	0.06	0.12	0.00	0.03	0.16	0.00	0.00	0.06	0.14	0.18	0.03
Total	98.57	98.23	97.09	97.28	98.33	98.25	98.49	96.44	97.10	96.49	97.24
$Al+Fe^{3+}+2Ti+Cr$(C)	0.58	0.60	0.72	0.78	0.63	0.75	0.31	0.48	0.77	0.77	0.81
Na+K+2Ca(A)	0.50	0.44	0.57	0.66	0.61	0.61	0.03	0.12	0.66	0.66	0.63

Total Fe as FeO^T. $AB_2C_5T_8O_{22}W_2$ is the general chemical formula of the amphibole supergroup. ($Al+Fe^{3+}+2Ti+Cr$) (C) is the atom number of these cations as C cations. (Na+K+2Ca) (A) is the atom number of these cations as A cations.

表 S13　条带状样品中绿金云母和金云母包裹体的主量元素含量(%)

No.	29-33	39-44	47-50-1	47-50-2	47-50-3	9-12-1	9-12-2	9-12-3	9-12-4	9-12-5	9-12-6	9-12-7
SiO_2	42.56	41.50	41.97	42.00	41.41	41.65	41.30	41.28	39.72	41.67	38.85	38.43
TiO_2	3.93	4.47	4.53	4.94	3.50	4.82	4.45	4.32	4.68	4.50	4.37	4.04
Al_2O_3	15.74	16.93	16.39	16.61	16.96	17.02	17.47	16.82	16.56	17.00	15.82	15.62
Cr_2O_3	2.04	2.56	2.03	1.85	2.36	2.21	1.94	2.26	2.30	2.54	2.44	2.07
FeO^T	1.81	2.05	2.01	2.10	2.04	1.98	1.83	1.97	2.08	2.16	2.01	3.65
MnO	0.00	0.00	0.00	0.00	0.01	0.00	0.00	0.00	0.06	0.00	0.00	0.06
MgO	25.30	23.86	24.02	23.41	24.68	24.07	24.07	23.64	23.46	23.66	22.60	24.11
CaO	0.10	0.16	0.13	0.07	1.24	0.14	0.14	0.22	0.44	0.21	0.09	0.13
Na_2O	6.04	6.23	6.06	5.11	6.38	6.75	6.06	5.97	6.06	6.37	0.46	0.29
K_2O	0.21	0.19	0.35	0.31	0.33	0.29	0.35	0.45	0.36	0.36	7.41	7.15
NiO	0.32	0.31	0.29	0.30	0.38	0.33	0.15	0.10	0.28	0.08	0.22	0.19
BaO	0.10	0.12	0.00	0.03	0.10	0.12	0.06	0.07	0.16	0.11	0.00	0.00
Total	98.13	98.38	97.78	96.73	99.39	99.37	97.83	97.11	96.16	98.65	94.26	95.73

Total Fe as FeO^T.

表 S14 OmanDP 样品中绿金云母和金云母包裹体的主量元素含量(%)

No.	18-1 23-28a	58-3 36-39-1	58-3 36-39-2	59-1 89-94
SiO_2	46.12	42.85	37.57	42.08
TiO_2	0.29	1.25	0.38	1.01
Al_2O_3	13.70	12.10	15.06	16.63
Cr_2O_3	2.31	1.87	2.98	3.56
FeO^T	1.21	1.48	7.96	1.23
MnO	0.02	0.01	0.15	0.02
MgO	28.16	22.53	24.83	25.46
CaO	0.09	5.44	0.71	0.52
Na_2O	4.90	0.64	1.22	4.86
K_2O	1.01	6.53	4.23	1.11
NiO	0.29	0.28	0.34	0.26
BaO	0.00	0.28	0.00	0.00
Total	98.08	95.24	95.42	96.76

Total Fe as FeO^T.

表 S15　豆荚状样品中绿金云母和金云母包裹体的主量元素含量(%)

No.	cs1	cs4	cs4-1	cs4-2	cs4-3	cs8-1	cs8-2	cs10-1	cs10-2	cs10-3	cs13-1	cs13-2	cs13-3	cs13-4	cs13-5	cs16	cs18
SiO_2	44.01	45.61	41.44	40.98	43.59	42.90	43.04	44.62	44.51	43.47	44.42	45.34	44.71	38.33	39.84	39.60	43.16
TiO_2	0.42	0.37	0.43	0.45	0.39	0.48	0.32	0.59	0.47	0.27	0.64	0.42	0.60	0.49	0.49	0.33	0.47
Al_2O_3	14.36	13.53	14.08	14.44	14.01	13.44	14.13	14.18	13.56	12.37	14.68	13.57	15.11	15.05	15.25	14.48	14.90
Cr_2O_3	2.83	3.57	2.98	3.11	3.25	2.94	2.96	3.50	3.60	3.69	2.32	3.14	2.63	2.81	3.11	2.22	3.52
FeO^T	0.71	0.75	0.77	1.00	0.65	0.96	0.81	0.83	0.86	0.84	0.86	0.77	1.09	1.62	1.51	0.85	0.66
MnO	0.00	0.00	0.00	0.07	0.03	0.00	0.06	0.09	0.00	0.00	0.09	0.00	0.02	0.00	0.00	0.00	0.05
MgO	27.10	27.44	26.34	25.97	26.90	26.71	27.50	27.59	26.89	26.46	26.96	27.77	27.50	26.78	26.19	25.71	25.97
CaO	0.14	0.05	0.12	0.09	0.06	0.36	0.61	0.05	0.03	0.07	0.06	0.05	0.02	0.21	0.08	0.00	0.08
Na_2O	5.20	4.70	1.27	0.36	4.80	3.42	2.43	5.40	3.52	3.43	5.19	5.52	6.00	0.15	0.08	0.07	3.84
K_2O	1.23	0.82	5.33	6.34	0.94	0.63	0.26	0.54	1.55	1.34	0.73	0.81	0.50	5.72	6.59	10.09	0.35
NiO	0.63	0.59	0.47	0.63	0.43	0.44	0.55	0.50	0.52	0.20	0.49	0.56	0.49	0.36	0.37	0.64	0.51
BaO	0.00	0.04	0.00	0.12	0.07	0.00	0.00	0.08	0.02	0.14	0.00	0.00	0.09	0.02	0.00	0.28	0.00
Total	96.64	97.45	93.25	93.55	95.13	92.28	92.68	97.97	95.52	92.28	96.42	97.95	98.78	91.54	93.50	94.26	93.53

Total Fe as FeO^T.

表 S16 条带状样品中高 Cr#铬铁矿衬里的主量元素含量(%)

No.	14-19	16-20	29-32a	34-34-1	32-34-2	32-34-3	32-34-4	32-34-5	43-48
SiO_2	0.05	0.08	0.05	0.06	0.12	0.05	0.05	0.08	0.07
TiO_2	0.21	0.39	0.28	0.31	0.41	0.38	0.33	0.23	0.38
Al_2O_3	18.24	18.10	18.43	17.00	18.47	17.35	18.96	17.45	19.16
Cr_2O_3	47.85	49.12	48.57	48.03	47.80	48.51	46.84	47.89	45.60
FeO^T	19.53	19.59	19.37	20.88	20.24	19.20	20.22	20.42	20.54
MnO	0.24	0.31	0.23	0.31	0.29	0.36	0.20	0.23	0.23
MgO	12.85	12.90	13.29	12.66	13.37	12.76	13.28	12.67	13.32
CaO	0.02	0.04	0.00	0.04	0.01	0.03	0.02	0.07	0.00
NiO	0.11	0.29	0.12	0.05	0.15	0.17	0.10	0.11	0.03
Total	99.09	100.82	100.35	99.33	100.87	98.80	99.99	99.13	99.35
Si	0.00	0.00	0.00	0.00	0.00	0.00	0.00	0.00	0.00
Ti	0.00	0.01	0.01	0.01	0.01	0.01	0.01	0.01	0.01
Al	0.68	0.66	0.67	0.63	0.67	0.65	0.69	0.65	0.70
Cr	1.19	1.20	1.19	1.20	1.17	1.22	1.15	1.20	1.12
Fe^{2+}	0.39	0.40	0.38	0.40	0.39	0.39	0.39	0.40	0.39
Fe^{3+}	0.12	0.11	0.12	0.15	0.14	0.12	0.14	0.14	0.15
Mn	0.01	0.01	0.01	0.01	0.01	0.01	0.01	0.01	0.01

续表S16

No.	14-19	16-20	29-32a	34-34-1	32-34-2	32-34-3	32-34-4	32-34-5	43-48
Ni	0.00	0.01	0.00	0.00	0.00	0.00	0.00	0.00	0.00
Mg	0.60	0.60	0.61	0.60	0.62	0.60	0.61	0.60	0.62
Ca	0.00	0.00	0.00	0.00	0.00	0.00	0.00	0.00	0.00
Total	3.00	3.00	3.00	3.00	3.00	3.00	3.00	3.00	3.00
Cr#	0.64	0.65	0.64	0.65	0.63	0.65	0.62	0.65	0.61
Mg#	0.60	0.60	0.62	0.60	0.61	0.61	0.61	0.60	0.62
Y_{Cr}	0.60	0.61	0.60	0.61	0.59	0.61	0.58	0.60	0.57
Y_{Al}	0.34	0.33	0.34	0.32	0.34	0.33	0.35	0.33	0.36
Y_{Fe}	0.06	0.06	0.06	0.08	0.07	0.06	0.07	0.07	0.08

Total Fe as FeO^T. Mg# = Mg/(Mg+Fe^{2+}) atomic ratio. Cr# = Cr/(Cr + Al) atomic ratio. Y_{Cr}, Y_{Al} and Y_{Fe} are the atomic ratios of Cr, Al and Fe^{3+}, respectively, to the sum of trivalent cations (Cr + Al + Fe^{3+}).

表 S17 OmanDP 样品中高 Cr#铬铁矿衬里的主量元素含量(%)

No.	18-1 23-28a-1	18-1 23-28a-2	58-3 36-39a	58-3 39-43a	59-1 89-94a
SiO_2	0.08	0.03	0.00	0.05	0.17
TiO_2	0.16	0.06	0.09	0.04	0.00
Al_2O_3	10.31	10.49	22.24	20.51	18.30

续表S17

No.	18-1 23-28a-1	18-1 23-28a-2	58-3 36-39a	58-3 39-43a	59-1 89-94a
Cr_2O_3	59.39	58.83	46.65	47.00	53.59
FeO^T	19.95	21.53	15.16	15.74	16.66
MnO	0.30	0.37	0.08	0.26	0.36
MgO	10.73	9.74	14.36	14.46	12.58
CaO	0.00	0.04	0.03	0.09	0.00
NiO	0.00	0.10	0.00	0.16	0.00
Total	100.93	101.18	98.61	98.30	101.67
Si	0.00	0.00	0.00	0.00	0.01
Ti	0.00	0.00	0.00	0.00	0.00
Al	0.40	0.40	0.81	0.75	0.67
Cr	1.53	1.52	1.14	1.15	1.31
Fe^{2+}	0.48	0.51	0.34	0.32	0.42
Fe^{3+}	0.06	0.07	0.05	0.09	0.01
Mn	0.01	0.01	0.00	0.01	0.01
Ni	0.00	0.00	0.00	0.00	0.00
Mg	0.52	0.47	0.66	0.67	0.58
Ca	0.00	0.00	0.00	0.00	0.00

续表S17

No.	18-1 23-28a-1	18-1 23-28a-2	58-3 36-39a	58-3 39-43a	59-1 89-94a
Total	3.00	3.00	3.00	3.00	3.00
Cr#	0.79	0.79	0.58	0.61	0.66
Mg#	0.52	0.48	0.66	0.68	0.58
Y_{Cr}	0.77	0.76	0.57	0.58	0.66
Y_{Al}	0.20	0.20	0.40	0.38	0.33
Y_{Fe}	0.03	0.04	0.03	0.05	0.01

Total Fe as FeO^T. Mg# = Mg/(Mg+Fe^{2+}) atomic ratio. Cr# = Cr/(Cr + Al) atomic ratio. YCr, YAl and YFe are the atomic ratios of Cr, Al and Fe^{3+}, respectively, to the sum of trivalent cations (Cr + Al + Fe^{3+}).

表 S18 豆荚状样品中高 Cr#铬铁矿衬里的主量元素含量(%)

No.	cs 10	cs 18	cs 19	cs 20-1	cs 20-2
SiO_2	0.05	0.06	0.59	0.33	0.52
TiO_2	0.05	0.02	0.11	0.04	0.12
Al_2O_3	8.84	10.85	9.98	9.94	8.38
Cr_2O_3	60.63	61.32	60.06	61.18	58.51
FeO^T	18.79	15.59	15.16	16.08	16.02
MnO	0.32	0.25	0.34	0.38	0.23

续表S18

No.	cs 10	cs 18	cs 19	cs 20-1	cs 20-2
MgO	10.88	12.87	12.70	12.58	17.08
CaO	0.06	0.15	0.07	0.09	0.15
NiO	0.10	0.00	0.03	0.02	0.11
Total	99.73	101.10	99.05	100.63	101.12
Si	0.00	0.00	0.02	0.01	0.02
Ti	0.00	0.00	0.00	0.00	0.00
Al	0.34	0.41	0.38	0.38	0.31
Cr	1.58	1.55	1.55	1.56	1.44
Fe^{2+}	0.45	0.38	0.39	0.39	0.21
Fe^{3+}	0.07	0.04	0.02	0.04	0.21
Mn	0.01	0.01	0.01	0.01	0.01
Ni	0.00	0.00	0.00	0.00	0.00
Mg	0.54	0.61	0.62	0.60	0.80
Ca	0.00	0.01	0.00	0.00	0.01
Total	3.00	3.00	3.00	3.00	3.00
Cr#	0.82	0.79	0.80	0.81	0.82
Mg#	0.54	0.62	0.61	0.61	0.79

续表S18

No.	cs 10	cs 18	cs 19	cs 20-1	cs 20-2
Y_{Cr}	0.79	0.78	0.79	0.79	0.74
Y_{Al}	0.17	0.20	0.20	0.19	0.16
Y_{Fe}	0.03	0.02	0.01	0.02	0.11

Total Fe as FeO^T. Mg# = $Mg/(Mg+Fe^{2+})$ atomic ratio. Cr# = $Cr/(Cr + Al)$ atomic ratio. Y_{Cr}, Y_{Al} and Y_{Fe} are the atomic ratios of Cr, Al and Fe^{3+}, respectively, to the sum of trivalent cations ($Cr + Al + Fe^{3+}$).

表 S19 条带状样品中多相包裹体中的橄榄石主量元素含量(%)

No.	12-16-1	12-16-2	12-16-3	9-12-1	9-12-2	9-12-3	9-12-4	9-12-5	9-12-6a	9-12-6b	9-12-6c
SiO_2	41.76	40.73	40.94	41.04	41.11	41.63	41.84	41.50	39.87	42.37	42.14
TiO_2	0.01	0.00	0.00	0.04	0.02	0.00	0.01	0.05	0.67	0.01	0.09
Al_2O_3	0.13	0.01	0.02	0.01	0.00	0.02	0.01	0.00	0.04	0.32	0.00
Cr_2O_3	0.51	0.16	0.20	0.29	0.27	0.46	0.38	0.30	0.51	0.49	0.42
FeO	6.66	5.68	5.89	5.77	6.63	5.72	5.94	7.05	13.89	4.49	4.89
MnO	0.06	0.03	0.04	0.12	0.09	0.09	0.19	0.15	0.38	0.14	0.14
MgO	51.95	52.25	52.10	52.70	51.71	52.45	52.32	52.41	46.14	53.41	53.85
CaO	0.10	0.03	0.03	0.03	0.06	0.06	0.02	0.06	0.02	0.07	0.03
Na_2O	0.01	0.02	0.00	0.00	0.00	0.00	0.01	0.00	0.02	0.16	0.01

续表S19

No.	12-16-1	12-16-2	12-16-3	9-12-1	9-12-2	9-12-3	9-12-4	9-12-5	9-12-6a	9-12-6b	9-12-6c
K_2O	0.00	0.00	0.00	0.01	0.00	0.00	0.00	0.00	0.00	0.01	0.00
NiO	0.31	0.50	0.38	0.46	0.27	0.32	0.50	0.31	0.06	0.12	0.23
BaO	0.00	0.07	0.00	0.02	0.00	0.03	0.00	0.04	0.05	0.06	0.00
Total	101.48	99.46	99.60	100.48	100.16	100.78	101.21	101.87	101.63	101.63	101.78
Fo	93.3	94.3	94.0	94.2	93.3	92.8	94.0	93.0	85.5	95.5	95.2

Fo is forsterite in mol%.

表 S20 条带状样品中斜方辉石包裹体主量元素含量(%)

No.	47-50-1	47-50-2	47-50-3	47-50-4	47-50-5	47-50-6	12-16-1	9-12-1	9-12-2	9-12-3	9-12-4	9-12-5
SiO_2	57.89	57.64	58.20	57.93	56.59	58.25	57.21	57.09	52.77	58.11	57.29	57.60
TiO_2	0.10	0.16	0.20	0.15	0.10	0.15	0.09	0.12	1.32	0.01	0.13	0.02
Al_2O_3	0.78	0.73	0.66	1.12	1.48	1.11	0.57	0.91	5.25	0.75	1.58	0.69
Cr_2O_3	0.77	0.97	1.06	0.98	0.83	1.12	0.49	0.84	1.71	1.19	0.93	0.79
FeO	4.53	4.56	4.50	4.06	4.76	4.04	4.23	4.46	4.06	4.88	4.77	4.83
MnO	0.17	0.08	0.02	0.16	0.21	0.07	0.07	0.10	0.07	0.16	0.17	0.25
MgO	36.80	36.35	36.30	35.69	35.35	36.45	36.19	34.79	28.72	35.56	35.34	35.69
CaO	0.37	0.29	0.34	0.28	0.50	0.25	0.30	0.36	5.00	0.31	0.41	0.43

续表S20

No.	47-50-1	47-50-2	47-50-3	47-50-4	47-50-5	47-50-6	12-16-1	9-12-1	9-12-2	9-12-3	9-12-4	9-12-5
Na_2O	0.03	0.02	0.03	0.19	0.01	0.13	0.00	0.22	1.35	0.01	0.00	0.03
K_2O	0.00	0.01	0.00	0.00	0.00	0.00	0.00	0.00	0.02	0.00	0.02	0.00
Total	101.42	100.81	101.31	100.55	99.83	101.57	99.15	98.88	100.29	100.98	100.63	100.32
$Mg/(Mg+Fe^{2+})$	0.96	0.95	0.94	0.94	0.94	0.94	0.95	0.93	0.99	0.92	0.93	0.94
Fe^{2+}/Fe^{T}	0.65	0.81	0.99	1.08	0.81	0.95	0.83	1.07	0.07	1.13	1.02	0.90
$Al/(Al+Fe^{3+}+Cr)$	0.32	0.37	0.47	0.73	0.55	0.55	0.41	0.73	0.58	0.69	0.74	0.44
En	0.95	0.94	0.93	0.93	0.93	0.94	0.94	0.92	0.88	0.91	0.92	0.93
Fs	0.04	0.05	0.06	0.06	0.06	0.06	0.05	0.07	0.00	0.08	0.07	0.06
Wo	0.01	0.01	0.01	0.01	0.01	0.00	0.01	0.01	0.11	0.01	0.01	0.01

No.	9-12-6	9-12-7	9-12-8	9-12-9	9-12-10	9-12-11
SiO_2	57.59	57.99	57.69	57.24	57.52	55.09
TiO_2	0.15	0.11	0.17	0.10	0.07	0.17
Al_2O_3	0.74	0.67	1.13	1.19	0.81	1.03
Cr_2O_3	0.81	1.05	0.90	1.20	0.72	0.83
FeO	4.64	4.55	4.76	4.85	4.60	5.84

续表 S20

No.	9-12-6	9-12-7	9-12-8	9-12-9	9-12-10	9-12-11
MnO	0.06	0.15	0.21	0.13	0.11	0.21
MgO	35.88	36.20	35.77	35.94	35.56	34.70
CaO	0.36	0.31	0.36	0.34	0.36	0.28
Na_2O	0.01	0.00	0.00	0.04	0.00	0.05
K_2O	0.00	0.00	0.00	0.01	0.00	0.02
Total	100.24	101.01	100.98	101.02	99.74	98.22
$Mg/(Mg+Fe^{2+})$	0.93	0.94	0.93	0.95	0.93	0.95
Fe^{2+}/Fe^T	0.96	0.96	0.99	0.76	1.06	0.57
$Al/(Al+Fe^{3+}+Cr)$	0.52	0.45	0.64	0.42	0.74	0.31
En	0.93	0.93	0.93	0.94	0.92	0.94
Fs	0.06	0.06	0.07	0.05	0.07	0.05
Wo	0.01	0.01	0.01	0.01	0.01	0.01

Mg# = $Mg/(Mg+Fe^{2+})$ atomic ratio.

表 S21　条带状样品中单斜辉石包裹体主量元素含量(%)

No.	9-12-1	9-12-3	9-12-4	9-12-5	9-12-6	9-12-7	9-12-8	9-12-9	9-12-10	9-12-11	9-12-12	9-12-13
SiO_2	53.86	53.26	52.74	53.62	53.55	54.09	54.18	54.51	54.29	54.39	53.37	53.67
TiO_2	0.13	0.38	0.14	0.13	0.21	0.07	0.31	0.27	0.39	0.42	0.40	0.29
Al_2O_3	1.19	0.50	0.47	0.23	2.15	1.04	0.43	0.16	0.38	0.53	1.04	0.65
Cr_2O_3	0.74	0.78	0.27	0.91	1.40	0.77	0.97	0.64	0.94	0.87	0.75	0.63
FeO	1.66	6.79	8.61	5.07	2.51	1.64	3.44	3.70	4.30	2.63	3.16	3.79
MnO	0.16	0.09	0.12	0.23	0.06	0.07	0.15	0.11	0.06	0.06	0.12	0.17
MgO	17.44	13.85	13.22	14.66	16.86	17.43	17.34	16.31	16.65	17.78	17.44	17.18
CaO	24.39	25.01	25.09	25.27	23.35	24.56	23.33	25.19	23.51	22.26	22.26	23.19
Na_2O	0.39	0.41	0.16	0.27	0.67	0.30	0.40	0.23	0.27	0.55	0.39	0.31
K_2O	0.00	0.00	0.00	0.01	0.02	0.00	0.01	0.00	0.00	0.03	0.00	0.00
Total	99.96	101.08	100.82	100.40	100.78	99.98	100.57	101.13	100.78	99.50	98.92	99.88
$Mg/(Mg+Fe^{2+})$	0.99	0.82	0.78	0.86	0.97	0.98	0.93	0.91	0.88	0.93	0.92	0.92
Fe^{2+}/Fe^{T}	0.13	0.78	0.77	0.83	0.41	0.45	0.65	0.78	0.97	0.96	0.83	0.66
$Al/(Al+Fe^{3+}+Cr)$	0.44	0.24	0.23	0.16	0.52	0.47	0.22	0.14	0.35	0.45	0.54	0.33
En	0.50	0.40	0.38	0.42	0.49	0.49	0.49	0.45	0.46	0.51	0.50	0.49
Fs	0.00	0.09	0.11	0.07	0.02	0.01	0.04	0.04	0.07	0.04	0.04	0.04
Wo	0.50	0.52	0.52	0.52	0.49	0.50	0.47	0.50	0.47	0.45	0.46	0.47

续表 S21

No.	9-12-14	9-12-15	9-12-16	9-12-17	9-12-18	9-12-19	9-12-20	12-16-4
SiO_2	53. 66	54. 52	52. 72	52. 75	55. 05	54. 52	52. 00	52. 18
TiO_2	0. 41	0. 32	0. 51	0. 29	0. 08	0. 18	0. 15	0. 27
Al_2O_3	2. 06	1. 07	2. 43	2. 85	0. 46	0. 93	2. 54	1. 97
Cr_2O_3	1. 03	0. 77	0. 88	1. 12	0. 54	0. 98	1. 29	1. 06
FeO	2. 24	1. 63	2. 23	2. 10	1. 54	1. 39	5. 25	1. 79
MnO	0. 11	0. 06	0. 12	0. 05	0. 17	0. 07	0. 14	0. 00
MgO	17. 23	17. 90	16. 89	16. 70	17. 83	17. 64	16. 79	17. 25
CaO	23. 60	24. 59	24. 24	23. 81	25. 46	24. 88	22. 54	22. 19
Na_2O	0. 38	0. 17	0. 31	0. 49	0. 10	0. 14	0. 29	0. 56
K_2O	0. 01	0. 00	0. 00	0. 00	0. 02	0. 00	0. 00	0. 00
Total	100. 73	101. 02	100. 34	100. 16	101. 23	100. 73	100. 98	97. 26
$Mg/(Mg+Fe^{2+})$	0. 95	0. 96	0. 97	0. 98	0. 98	0. 96	0. 94	0. 97
Fe^{2+}/Fe^{T}	0. 75	0. 76	0. 36	0. 34	0. 53	0. 95	0. 39	0. 49
$Al/(Al+Fe^{3+}+Cr)$	0. 65	0. 57	0. 60	0. 62	0. 34	0. 57	0. 45	0. 59
En	0. 49	0. 49	0. 49	0. 49	0. 49	0. 49	0. 49	0. 51
Fs	0. 03	0. 02	0. 01	0. 01	0. 01	0. 02	0. 03	0. 01
Wo	0. 48	0. 49	0. 50	0. 50	0. 50	0. 49	0. 47	0. 47

Mg# = $Mg/(Mg+Fe^{2+})$ atomic ratio.

表 S22　OmanDP 样品中辉石包裹体主量元素含量(%)

No.	Orthopyroxene		Clinopyroxene						
	17−4 7−10	59−1 89−94	17−4 7−10−1	17−4 7−10−2	58−3 36−39−1	58−3 36−39−2	59−1 89−93−1	59−1 89−93−2	59−1 89−93−3
SiO_2	55.74	56.15	52.60	53.86	52.80	52.50	51.62	53.70	54.62
TiO_2	0.13	0.05	0.21	0.07	0.05	0.17	0.41	0.21	0.10
Al_2O_3	1.87	2.80	0.76	0.18	2.23	1.37	5.60	1.98	2.52
Cr_2O_3	1.35	1.75	0.75	0.56	1.69	1.52	1.67	1.86	1.18
FeO	4.96	4.51	1.14	0.79	2.51	1.86	2.35	1.96	1.98
MnO	0.15	0.14	0.02	0.23	0.10	0.09	0.01	0.01	0.02
MgO	34.70	35.61	17.74	18.28	18.21	17.71	15.98	18.22	19.83
CaO	0.71	0.86	23.96	23.66	22.24	22.92	22.12	21.73	20.09
Na_2O	0.10	0.05	0.15	0.23	0.40	0.37	0.91	0.68	0.88
K_2O	0.00	0.00	0.01	0.01	0.00	0.00	0.03	0.03	0.01
Total	99.70	101.93	97.33	97.86	100.23	98.50	100.70	100.38	101.23
$Mg/(Mg+Fe^{2+})$	0.94	0.96	1.00	0.99	0.99	0.99	0.97	0.98	1.00
Fe^{2+}/Fe^T	0.78	0.55	0.04	0.31	0.11	0.12	0.40	0.43	0.09
$Al/(Al+Fe^{3+}+Cr)$	0.53	0.52	0.37	0.19	0.45	0.39	0.73	0.49	0.55
En	0.93	0.95	0.51	0.52	0.53	0.52	0.49	0.53	0.58
Fs	0.06	0.04	0.00	0.00	0.00	0.00	0.02	0.01	0.00
Wo	0.01	0.01	0.49	0.48	0.47	0.48	0.49	0.46	0.42

Mg# = $Mg/(Mg+Fe^{2+})$ atomic ratio.

表 S23　条带状样品和 OmanDP 样品中斜长石包裹体主量元素含量(%)

No.	Banded samples							OmanDP samples					
	12-16-1	12-16-2	12-16-3	12-16-4	12-16-5	12-16-6	12-16-7	17-4 7-10-1	17-4 7-10-2	18-1 23-28a-1	18-1 23-28a-2	18-1 23-28a-3	59-1 89-94
SiO_2	58.86	59.65	67.32	66.28	61.43	58.73	63.74	66.92	66.55	74.53	69.96	73.27	67.28
TiO_2	0.01	0.06	0.00	0.00	0.02	0.00	0.01	0.05	0.03	0.04	0.03	0.00	0.04
Al_2O_3	25.63	25.25	22.26	22.35	23.34	25.32	23.79	19.45	18.88	18.76	18.83	18.13	21.01
Cr_2O_3	0.56	0.43	0.54	0.39	0.37	0.32	0.54	0.47	0.92	0.50	0.48	0.47	0.52
FeO^T	0.26	0.30	0.18	0.23	0.15	0.22	0.27	0.33	0.34	0.24	0.22	0.25	0.42
MnO	0.05	0.00	0.00	0.03	0.08	0.00	0.01	0.06	0.00	0.08	0.06	0.06	0.00
MgO	0.01	0.02	0.05	0.00	0.22	0.02	0.01	0.05	0.20	0.05	0.02	0.11	2.73
CaO	7.58	6.46	2.67	2.89	5.21	6.93	4.61	0.04	0.06	0.03	0.03	0.08	4.17
Na_2O	6.78	7.74	8.83	9.38	8.51	7.13	7.93	11.78	11.94	7.55	10.70	7.25	2.70
K_2O	0.01	0.01	0.04	0.04	0.02	0.04	0.01	0.05	0.01	0.00	0.00	0.00	0.03
NiO	0.12	0.07	0.04	0.05	0.00	0.17	0.05	0.00	0.00	0.09	0.16	0.00	0.08
BaO	0.09	0.02	0.07	0.00	0.00	0.00	0.00	0.05	0.00	0.00	0.02	0.00	0.00
Total	99.95	100.01	101.99	101.64	99.34	98.87	100.96	99.26	98.91	101.86	100.51	99.63	98.97
An	38	32	14	15	25	35	24	0	0	0	0	1	46
Ab	62	38	86	85	75	65	75	100	100	100	100	99	54
Or	0	0	0	0	0	0	0	0	0	0	0	0	0

Total Fe as FeO^T.

表 S24　条带状样品中石榴子石包裹体的主量元素含量(%)

No.	16-20 -1	16-20 -2	9-12 -1	9-12 -2	9-12 -3	9-12 -4	9-12 -5	9-12 -6	9-12 -7	9-12 -8	9-12 -9	47-50 -1	47-50 -2
SiO_2	37.39	36.73	36.04	34.16	36.43	35.63	37.64	37.55	36.80	36.31	37.25	35.98	34.61
TiO_2	1.40	1.38	0.00	5.19	0.43	0.51	0.21	1.17	0.00	0.00	0.03	4.13	0.21
Al_2O_3	21.07	21.13	22.65	10.99	21.18	21.74	21.37	17.70	22.53	22.19	22.18	13.72	3.11
Cr_2O_3	1.31	0.98	0.41	6.35	1.49	1.63	1.55	4.41	0.63	0.51	0.30	5.42	1.72
FeO^T	0.84	0.85	1.11	5.19	1.64	1.95	1.53	1.38	0.94	1.65	0.97	2.47	22.91
MnO	0.09	0.00	0.23	0.17	0.33	0.28	0.29	0.12	0.07	0.10	0.03	0.10	0.16
MgO	0.31	0.19	0.05	0.31	2.88	4.52	6.17	0.01	1.05	0.84	0.79	0.32	2.53
CaO	35.99	37.26	38.47	35.80	34.10	33.11	30.85	36.76	35.99	36.17	36.30	36.62	31.40
Total	98.40	98.50	98.95	98.15	98.48	99.37	99.61	99.11	98.01	97.76	97.85	98.76	96.65
Pyrope	1	1	0	1	12	19	24	0	4	3	3	1	11
Grossular	91	91	91	56	78	72	68	80	89	88	91	70	13
Andradite	5	12	22	23	18	23	16	9	14	17	13	12	79
Uvarovite	4	3	1	22	4	4	3	13	2	1	1	19	5

No.	47-50-3	s02e-1	s02e-2	s02e-3	s02e-4	s02e-5	s02e-6	s02e-7	s02e-8	s02e-9	s02e-10	s02e-11	s02e-12
SiO_2	34.07	34.67	35.05	34.81	34.60	34.59	34.50	32.29	36.40	33.35	34.57	34.49	32.32
TiO_2	5.96	4.26	4.51	4.92	4.79	4.29	4.70	9.72	0.96	8.77	5.26	4.99	9.90

续表 S24

No.	47-50-3	s02e-1	s02e-2	s02e-3	s02e-4	s02e-5	s02e-6	s02e-7	s02e-8	s02e-9	s02e-10	s02e-11	s02e-12
Al_2O_3	3.06	7.51	7.50	7.21	6.75	6.66	7.53	10.10	14.63	7.59	6.26	7.58	9.40
Cr_2O_3	1.42	9.68	9.52	9.24	9.90	11.43	9.85	0.68	1.49	5.20	10.28	8.77	1.78
FeO^T	18.58	5.42	5.40	4.57	5.52	5.15	4.85	5.87	7.30	5.91	5.80	4.97	5.64
MnO	0.00	0.07	0.12	0.00	0.05	0.13	0.07	0.00	0.01	0.00	0.11	0.00	0.10
MgO	6.17	0.27	0.19	0.31	0.34	0.40	0.38	0.26	0.06	0.30	0.21	0.33	0.23
CaO	27.03	35.02	34.97	34.71	34.63	34.50	34.78	36.14	36.34	35.36	34.95	35.26	35.50
Total	96.28	96.92	97.25	95.78	96.57	97.15	96.66	95.06	97.18	96.48	97.42	96.39	94.85
Pyrope	24	1	1	1	1	2	1	1	0	1	1	1	1
Grossular	14	41	42	44	39	36	42	69	68	52	36	44	67
Andradite	57	22	19	15	20	19	19	26	32	19	21	21	21
Uvarovite	4	36	36	38	38	42	37	3	5	24	40	34	8

Total Fe as FeO^T.

表 S25 条带状样品中榍石包裹体的主量元素含量(%)

No.	48-50-1	48-50-2	48-50-3	48-50-4	48-50-5	48-50-6	48-50-7	48-50-8	16-20-1	16-20-2	16-20-3	s02e-1	s02e-2	s02e-3
SiO_2	31.49	31.55	31.47	30.21	30.56	30.27	30.67	32.47	30.02	29.91	30.10	30.00	29.91	30.14
TiO_2	34.50	25.32	27.19	30.77	27.61	32.68	36.46	20.45	38.97	38.46	37.32	38.44	38.10	38.84

续表S25

No.	48-50-1	48-50-2	48-50-3	48-50-4	48-50-5	48-50-6	48-50-7	48-50-8	16-20-1	16-20-2	16-20-3	s02e-1	s02e-2	s02e-3
Al_2O_3	1. 87	5. 36	4. 62	3. 55	6. 79	3. 60	2. 28	11. 68	0. 30	0. 21	0. 40	0. 43	0. 37	0. 53
Cr_2O_3	1. 48	1. 25	0. 75	1. 28	1. 32	1. 13	0. 72	1. 31	0. 83	0. 82	0. 79	0. 90	1. 29	0. 86
FeO^T	1. 73	4. 19	3. 40	1. 94	2. 27	1. 94	0. 50	0. 97	0. 37	0. 31	0. 40	0. 33	0. 26	0. 28
MnO	0. 07	0. 00	0. 01	0. 09	0. 04	0. 09	0. 02	0. 13	0. 07	0. 00	0. 00	0. 04	0. 04	0. 00
MgO	3. 07	10. 52	9. 65	6. 92	9. 96	4. 93	3. 26	0. 73	0. 00	0. 03	0. 01	0. 04	0. 06	0. 00
CaO	25. 22	19. 20	20. 17	23. 23	20. 28	23. 62	26. 79	31. 69	28. 02	27. 78	28. 53	28. 75	27. 72	28. 86
Na_2O	0. 16	0. 19	0. 11	0. 01	0. 01	0. 04	0. 12	0. 01	0. 07	0. 06	0. 06	0. 00	0. 02	0. 00
K_2O	0. 00	0. 01	0. 00	0. 01	0. 00	0. 00	0. 06	0. 00	0. 01	0. 03	0. 01	0. 00	0. 01	0. 01
NiO	0. 03	0. 10	0. 08	0. 03	0. 12	0. 00	0. 00	0. 01	0. 09	0. 04	0. 09	0. 00	0. 00	0. 00
BaO	0. 39	0. 17	0. 26	0. 62	0. 21	0. 25	0. 42	0. 19	0. 38	0. 39	0. 49	0. 38	0. 53	0. 44
Total	100. 00	97. 84	97. 70	98. 67	99. 16	98. 54	101. 30	99. 63	99. 12	98. 02	98. 18	99. 32	98. 31	99. 95

Total Fe as FeO^T.

表 S26　OmanDP 样品中尖晶石的主量元素含量(%)

No.	58-3 39-43-1	58-3 39-43-2	58-3 39-43-3
SiO_2	0. 09	0. 05	3. 72
TiO_2	0. 00	0. 00	0. 03

续表S26

No.	58-3 39-43-1	58-3 39-43-2	58-3 39-43-3
Al_2O_3	49. 78	54. 81	39. 46
Cr_2O_3	20. 21	15. 36	20. 55
FeO^T	9. 19	8. 07	20. 84
MnO	0. 14	0. 08	0. 33
MgO	19. 42	20. 37	12. 36
CaO	0. 05	0. 00	0. 77
NiO	0. 26	0. 37	0. 19
Total	99. 15	99. 11	98. 28
Cr#	0. 21	0. 16	0. 26
Mg#	0. 78	0. 80	0. 50

Total Fe as FeO^T. Mg# = Mg/(Mg+Fe^{2+}) atomic ratio. Cr# = Cr/(Cr + Al) atomic ratio.

表 S27　条带状样品中磷灰石的主量元素含量(%)

No.	s02e-1	s02e-2	s02e-3	s02e-4	s02e-5	s02e-6	s02e-7
CaO	52. 01	50. 60	50. 84	50. 60	49. 52	49. 29	45. 52
FeO^T	0. 31	0. 24	0. 29	0. 24	0. 19	0. 24	0. 38
MnO	0. 17	0. 19	0. 20	0. 19	0. 15	0. 21	0. 22
MgO	0. 20	0. 23	0. 19	0. 23	0. 18	0. 17	2. 18

续表S27

No.	s02e-1	s02e-2	s02e-3	s02e-4	s02e-5	s02e-6	s02e-7
SiO_2	0. 00	0. 00	0. 00	0. 00	0. 00	0. 00	2. 61
P_2O_5	41. 73	41. 89	41. 97	41. 89	41. 77	41. 86	41. 46
Cl	0. 01	0. 80	0. 00	0. 80	0. 94	0. 00	0. 06
F	1. 38	0. 98	1. 51	0. 98	1. 24	1. 77	1. 41
Total	95. 80	94. 92	94. 99	94. 92	93. 99	93. 53	93. 83
Cl	0. 00	0. 23	0. 00	0. 23	0. 28	0. 00	0. 02
F	0. 74	0. 53	0. 82	0. 53	0. 68	0. 97	0. 77
OH	0. 26	0. 24	0. 18	0. 24	0. 05	0. 03	0. 21

Total Fe as FeO^T.

表 S28　条带状样品中磷灰石的 U 含量及 U-Pb 同位素比值

No.	$n(U)/10^{-6}$	$n(^{204}Pb)/n(^{206}Pb)$	$n(^{238}U)/n(^{206}Pb)$	U-Pb age/Ma
Ap1b-#1	95.0	0. 010 ± 0. 010	39. 5 ± 16. 9	130. 1 ± 55. 1
Ap1b-#2	6. 7	bd	78. 4 ± 32. 8	
Ap1b-#3	2. 8	bd	65. 9 ± 22. 4	
Ap2-#1	14. 1	0. 009 ± 0. 033	83. 9 ± 17. 1	
Ap2-#2	3. 9	bd	116. 3 ± 33. 9	
Ap2-#3	0. 1	bd.	bd	

bd means below detection limit.

表 S29 条带状样品和豆荚状样品中滑石的主量元素含量(%)

No.	Banded samples		Podiform samples					
	47-50	43-48	cs4-1	cs4-2	cs15	cs18	cs20-1	cs20-2
SiO_2	62.77	61.33	60.70	59.53	62.09	58.66	60.35	61.58
TiO_2	0.08	0.10	0.01	0.00	0.07	0.09	0.11	0.00
Al_2O_3	1.00	0.90	1.52	1.83	0.78	1.88	1.60	0.45
Cr_2O_3	0.83	1.14	0.54	0.70	0.50	0.84	1.16	1.03
FeO	0.54	0.56	0.67	0.37	0.43	0.63	0.56	0.67
MnO	0.10	0.02	0.00	0.00	0.02	0.01	0.00	0.01
MgO	30.42	29.43	30.43	30.17	30.77	29.68	30.26	29.97
CaO	0.05	0.03	0.08	0.08	0.00	0.03	0.13	0.03
Na_2O	0.38	0.33	0.68	0.85	0.38	0.87	0.67	0.28
K_2O	0.01	0.03	0.01	0.03	0.01	0.03	0.03	0.03
NiO	0.05	0.16	0.26	0.34	0.16	0.32	0.28	0.44
BaO	0.09	0.00	0.01	0.11	0.00	0.05	0.00	0.00
Total	96.31	94.04	94.89	94.02	95.21	93.09	95.13	94.48

Total Fe as FeO^T.

表 S30　条带状样品中绿泥石/绿泥间蛇纹石的主量元素含量(%)

No.	9-12-1	9-12-2	9-12-4	9-12-5	9-12-6	9-12-7	9-12-8	9-12-9	9-12-10	9-12-11	9-12-12	9-12-13	9-12-14	47-50	43-48-2	43-48-3
SiO_2	28.13	29.07	36.74	30.21	31.70	36.65	28.55	28.87	30.92	33.46	34.69	36.80	33.97	31.20	30.50	32.17
TiO_2	0.03	0.08	0.02	0.04	0.02	3.40	0.00	0.00	1.14	0.34	0.06	0.11	0.09	0.30	0.11	0.09
Al_2O_3	22.40	21.76	15.97	17.43	18.94	14.68	21.15	19.99	17.43	13.96	13.20	8.37	14.60	18.35	20.32	18.50
Cr_2O_3	3.24	3.21	0.15	1.62	2.16	2.29	3.08	1.17	2.49	2.42	1.70	3.23	2.29	1.92	2.25	1.08
FeO^T	8.43	1.52	2.57	13.24	4.10	2.13	5.15	12.00	8.31	8.90	4.23	7.27	2.41	3.67	1.32	1.39
MnO	0.06	0.06	0.05	0.70	0.09	0.00	0.00	0.25	0.05	0.03	0.05	0.13	0.00	0.05	0.01	0.00
MgO	27.50	32.37	33.09	24.28	30.87	29.08	28.41	24.75	28.01	29.52	34.92	33.22	35.11	30.76	32.93	33.68
CaO	0.03	0.08	0.24	0.09	0.11	0.09	0.03	0.07	0.08	0.10	0.00	0.03	0.02	0.07	0.01	0.00
Na_2O	0.05	0.06	0.09	0.02	0.02	0.04	0.02	0.03	0.04	0.14	0.01	0.01	0.01	0.06	0.00	0.01
K_2O	0.00	0.00	0.94	0.00	0.00	0.04	0.00	0.00	0.00	0.02	0.00	0.00	0.03	0.00	0.00	0.00
NiO	0.00	0.13	0.07	0.16	0.25	0.32	0.46	0.08	0.20	0.13	0.03	0.09	0.00	0.27	0.42	0.47
BaO	0.10	0.08	0.05	0.01	0.03	0.05	0.00	0.00	0.10	0.00	0.00	0.07	0.04	0.00	0.00	0.00
Total	89.97	88.41	89.97	87.81	88.28	88.77	86.85	87.21	88.73	89.01	88.88	89.32	88.56	86.64	87.86	87.39

Total Fe as FeO^T.

表 S31 豆荚状样品中绿泥石/绿泥间蛇纹石的主量元素含量(%)

No.	cs3	cs8-1	cs8-2	cs8-3	cs13-1	cs13-2	cs13-3	cs14-1	cs14-2	cs14-3	cs14-4
SiO_2	42.35	35.55	36.90	39.48	45.72	41.71	38.72	33.87	33.27	32.11	41.22
TiO_2	0.00	0.03	0.03	0.03	0.00	0.00	0.03	0.09	0.02	0.08	0.43
Al_2O_3	3.79	12.36	5.18	4.31	8.28	3.71	8.28	12.40	13.69	17.08	13.31
Cr_2O_3	1.21	3.71	6.88	3.63	2.45	0.88	1.97	4.38	5.00	3.75	2.47
FeO^T	0.74	1.01	1.74	1.22	0.75	0.82	0.84	0.38	0.73	0.78	1.10
MnO	0.00	0.00	0.07	0.02	0.02	0.00	0.05	0.02	0.05	0.00	0.00
MgO	39.83	34.84	35.94	36.90	28.02	38.79	37.27	33.90	34.38	34.09	25.20
CaO	0.01	0.09	0.07	0.00	1.04	0.03	0.07	0.06	0.01	0.05	0.26
Na_2O	0.00	0.00	0.00	0.01	0.19	0.09	0.00	0.01	0.03	0.00	0.16
K_2O	0.02	0.15	0.01	0.00	0.05	0.02	0.03	0.01	0.02	0.00	0.75
NiO	0.41	0.35	0.24	0.20	0.06	0.01	0.31	0.22	0.40	0.52	0.36
BaO	0.00	0.17	0.00	0.00	0.00	0.00	0.00	0.04	0.08	0.10	0.07
Total	88.35	88.26	87.05	85.82	86.56	86.06	87.56	85.37	87.68	88.54	85.32

Total Fe as FeO^T.

表 S32　条带状样品淬火均一化玻璃的主量元素含量(%)

No.	1	2	3	4	5	6
SiO_2	50.89	52.75	56.31	51.37	53.75	52.44
TiO_2	2.75	2.50	3.06	2.07	2.44	2.49
Al_2O_3	16.46	23.93	23.99	21.21	21.88	22.35
Cr_2O_3	0.83	0.98	1.07	2.19	1.11	1.08
FeO^T	7.22	4.23	3.04	6.87	5.52	5.66
MnO	0.01	0.01	0.00	0.00	0.04	0.07
MgO	3.24	1.68	1.90	3.30	1.86	1.70
CaO	13.00	10.49	8.33	10.75	11.17	12.68
Na_2O	1.78	1.10	2.47	2.26	1.41	2.91
K_2O	0.27	0.11	0.14	0.15	0.08	0.12
NiO	0.02	0.07	0.00	0.06	0.03	0.18
Total	96.47	97.83	100.32	100.23	99.29	101.68

Total Fe as FeO^T.

表 S33　与条带状样品中铬铁矿相平衡的熔体成分

No.	7-12	14-19	16-20	16-20	22-25	24-29	29-33a	29-33b	29-33c	32-35	39-44	43-48
TiO_2	0.92	0.91	0.88	0.77	0.90	0.97	1.05	0.83	0.99	0.85	0.99	0.85
Al_2O_3	15.19	14.88	14.99	14.92	14.41	15.13	15.06	15.24	15.08	15.19	15.07	14.81
FeO/MgO	1.04	1.14	0.90	1.00	1.18	0.84	0.84	0.98	1.04	0.86	0.75	0.97

表 S34　与 OmanDP 样品中铬铁矿相平衡的熔体成分

No.	18-1 23-28a	58-03 36-39a	58-03 36-39b	58-03 36-39c	58-03 36-39d	58-3 39-43a	58-3 39-43b	58-3 39-43c	58-3 39-43d	58-3 39-43e	58-3 39-43f	59-1 89-94a
TiO_2	1.11	0.45	0.62	0.47	0.55	0.52	0.55	0.42	0.42	0.40	0.42	0.57
Al_2O_3	14.45	15.24	15.23	15.19	15.13	14.75	14.79	15.32	15.30	15.30	15.19	15.59
FeO/MgO	0.93	0.74	0.76	0.73	0.80	0.69	0.73	0.79	0.75	0.74	0.75	1.12

表 S35　与豆荚状样品中铬铁矿相平衡的熔体成分

No.	cs8-1	cs8-2	cs9-1	cs9-2	cs10-1	cs10-2	cs11-1	cs11-2	cs12-1	cs12-2	cs12-3	cs13-1
TiO_2	0.15	0.20	0.22	0.11	0.19	0.19	0.07	0.11	0.21	0.27	0.21	0.15
Al_2O_3	11.06	10.97	11.88	11.74	12.04	11.97	11.40	11.14	11.67	11.73	11.40	12.55
FeO/MgO	0.83	0.91	0.78	0.72	0.92	0.82	0.90	0.69	0.75	0.78	0.91	0.80

续表 S35

No.	cs13-2	cs13-3	cs13-4	cs13-5	cs13-6	cs13-7	cs13-8	cs14	cs14-1	cs14-2	cs16-1	cs16-2
TiO_2	0.09	0.18	0.25	0.19	0.16	0.19	0.18	0.20	0.12	0.10	0.16	0.14
Al_2O_3	12.39	12.39	12.00	12.42	12.35	12.43	12.26	12.09	11.77	12.03	11.71	11.66
FeO/MgO	0.70	0.74	0.70	0.73	0.85	0.73	0.77	0.85	0.70	1.05	0.80	0.76

No.	cs17-1	cs17-2	cs18-1	cs18-2	cs18-3	cs19	cs20-1	cs20-2	cs21	cs22
TiO_2	0.10	0.11	0.19	0.12	0.17	0.12	0.22	0.11	0.03	0.12
Al_2O_3	11.46	11.58	11.90	11.69	12.08	12.02	12.08	12.06	12.52	12.15
FeO/MgO	0.84	0.97	0.78	0.74	0.77	0.82	0.85	0.71	0.81	0.80

后　记

阿曼蛇绿岩是世界上出露面积最大且最完整的蛇绿岩。并且目前国内关于阿曼蛇绿岩中铬铁矿研究的中文文献还很少，希望本书可以给相关研究者提供帮助。

本书主要介绍了阿曼蛇绿岩中的各种类型的铬铁矿，以及相关的包裹体，并且对包裹体的演化进行了一些研究，主要的研究方法是扫描电镜与电子探针等微区分析方法，研究成果显示铬铁矿的成因与蛇绿岩是相关的。

感谢森下知晃(Tomoaki Morishita)，田村佳彦(Yoshihiko Tamura)，仙台凉子(Ryoko Senda)，佐藤友树(Tomoki Sato)，萨蒂什·库玛(Satish-Kumar)，植田勇人(Hayato Ueda)和高桥敏郎(Toshiro Takahashi)的有益讨论。感谢 Peter Kelemen 和 Damon Teagle 在 OmanDP 的出色领导。感谢 Juerg Matter 和 Jude Coggon 对 OmanDP 的出色管理。感谢 Maadin Enterprise 允许我们从其矿山和岩芯中取样来进行这项研究。感谢穆罕默德·萨利赫·阿尔·法纳·阿尔·阿里米(Mohammed Saleh Al Fannah Al Arimi)和采矿业公共管理局，商业和工业部，阿曼苏丹国的其他人在我们的实地调查中的支持。本书使用了由 OmanDP 提供的样本，得到国际大陆科学钻探项目(ICDP；Kelemen，Matter，Teagle Lead PIs)，斯隆基金会-深碳观测台(Grant 2013-3-01)共同资助，此外，本书还得到了美国国家科学基金会(NSF-EAR-1516300，Kelemen 首席 PI)，NASA-天体生物学研究所(NNA15BB02A，Templeton PI)，德国研究基金会(DFG：KO 1723/21-1，Koepke PI)，日本科学促进会(Michibayashi 的 KAKENHI 16H06347 和 Takazawa 的 16H02742)，欧洲研究理事会(Adv：no. 669972；

Jamveit 的 PI)，瑞士国家科学基金会(SNF：20FI21_163073，Früh-Green PI)，JAMSTEC，TAMU-JR 科学运营商，以及阿曼苏丹国政府，苏丹卡布斯大学，阿曼矿业管理局，CNRS-Univ，纽约哥伦比亚大学和南安普敦大学的资助。本书的出版得到了江西省教育厅科技项目(GJJ200855)，江西理工大学高层次人才科研专项经费(205200100491)和江西理工大学资助，以及中南大学出版社相关工作人员的帮助，特此一并致谢。

笔 者

2021 年 5 月